气象干部教育培训系列教材

气候资源经济学导论

黄秋菊 肖芳 辛源 姜海如 等 著

内容简介

本书围绕气候资源经济学这一交叉学科研究主题，系统梳理了气候资源经济学的发展历程，深入探讨了气候资源经济学的知识体系与学科架构，揭示了气候资源经济的基本特征和运行规律。着眼气候资源经济价值评估、气候资源行业贡献率评估、气候资源现代经济利用、气候资源经济政策分析等前沿领域，展现了气候资源经济学的应用价值。

本书既反映出了气候资源经济学的学科全貌，又深入分析了气候资源经济学的应用实践，用语通俗易懂，是一本了解气候资源经济学的入门读物，可供气象经济学及气候资源经济学的教学、研究和培训使用，也可供相关领导干部在制定相关政策和规划时参考借鉴。

图书在版编目（CIP）数据

气候资源经济学导论 / 黄秋菊等著. -- 北京 : 气象出版社, 2024. 12. -- ISBN 978-7-5029-8364-2

Ⅰ. P46; F061.3

中国国家版本馆 CIP 数据核字第 20240PG099 号

气候资源经济学导论

Qihou Ziyuan Jingjixue Daolun

出版发行：气象出版社

地　　址：北京市海淀区中关村南大街 46 号　　**邮政编码**：100081

电　　话：010-68407112(总编室)　010-68408042(发行部)

网　　址：http://www.qxcbs.com　　**E-mail**：qxcbs@cma.gov.cn

责任编辑：郭志武　　**终　　审**：张　斌

责任校对：张硕杰　　**责任技编**：赵相宁

封面设计：艺点设计

印　　刷：北京中石油彩色印刷有限责任公司

开　　本：710 mm×1000 mm　1/16　　**印　　张**：16.75

字　　数：196 千字

版　　次：2024 年 12 月第 1 版　　**印　　次**：2024 年 12 月第 1 次印刷

定　　价：95.00 元

前言

人类的大多数经济活动都与气候资源存在紧密关联，因此，气候资源成为众多经济活动基础且直接的物质性资源。气候资源涵盖了气候资源单因子要素、气候资源综合要素、气候环境以及气候条件等方面，属于气象经济学重点研究的领域之一。

中国古代因自然农业经济的发达而闻名于世，地理气候在其形成过程中起到了关键作用。从经济层面上进行分析，自然农业重点在于处理土地、气候资源和人这三者之间的关系，而其中最难把握的当属气候资源这一要素。正因如此，中国古代的先民为了能够有效掌握气候资源开发利用的规律，开展了长期的生产实践活动。早在20世纪80年代，牛力达指出，先秦时期的《吕氏春秋·审时篇》是我国最早的一篇气象经济学著作。

中国自古代以来，始终高度重视气候资源的利用。近代中国应用气象研究始于20世纪20年代。1914年，中国农商部下令各省农林机关设立农业气象观测所；1922年，竺可桢发表《气象与农业之关系》；1944年，涂长望发表《农业气象的内容及其研究途径述要》，当时的许多农业气候应用研究为气候资源学科的构建奠定了基础。20世纪50年代之后，为农业、工业、军事、水利、电力、交通运输、建筑、能源等提供气象服务的研究被称为专业气候，至60年代末，改称为应用气候。改革开放以来，我国的气候资源科学得到快速发展，《中国农林作物气候区划》(1984年)、《中国农业气候区划》(1985年)、《中国的气候与农业》(1991年)、《中国自然资源丛书气候卷》(1995年)等研究成果先后出版，极大地丰富了气候资源研究成果，有力地推动了气候资源学科的发展。部分专家学者也在20世纪80年代开启了有关气象经济学的研究，在自然资源经济学中，气候资源也成为自然资源经济学研究对象之一。

中国气象局一直十分重视气象经济问题研究。1984年《气象现代化发展纲要》在“气象事业现代化建设的战略重点中”就提出“进行应用气候和气候变迁研究”，并在相应部分提出了“气候与经济、社会发展关系认识”问题，为当时开展气象经济问题研究提供了政策依据，随后气象经济研究涌现出许多成果。自2016年以来，中国气象局气象软科学项目先后支持了“气象经济学基本问题研究”(〔2016〕Z04号)、“我国经济行业产值对气象要素的敏感性评估研究”(2022ZDIANXM23)、“气候资源经济专题研究”(2023ZZXM07)等一系列的相关专题研究，这些研究成果为本书的出版贡献了积极力量。

本书的主要作者包括黄秋菊、肖芳、辛源、姜海如、吕丽莉、郑治斌、于丹、张阔、李萍、樊亦茜、张滨冰、邓一等。本书的出版得到了中国气象局人事司、中国气象局政策法规司、中国气象局气象干部培训学院、中国气象局气象发展与规划院和气象出版社的大力支持；一些指导专家在课题研究中提出了宝贵意见及建议；在编写过程中参阅了大量文献资料，大部分引文在本书的结尾处已作出标注，然而由于所涉及的文献资料数量众多，部分引用资料未能在标注中全部列出，在此一并致以谢意！

气候资源经济学涉及的研究内容非常广泛，研究需要具备扎实的气候资源学和经济学理论基础。本书的作者虽然倾注了大量精力，但鉴于学术水平所限，对涉及的诸多研究的理解仍较为浅显，一些研究成果还存在较大的不确定性。因此，在书中提出的部分思想、观点，其科学性和准确性仍有待深入探究。本书以导论之名出版，意在抛砖引玉，期望更多学者专家投身于气候资源经济学的研究之中，为开发气候资源经济、推动绿色经济发展和实现"双碳"战略目标提供学科支持。书中难免存在不当和错误之处，诚请读者、专家和同仁们不吝指正。

作者

2024 年 8 月

目　录

第 1 章　气候资源经济概述

气候资源经济是气候资源经济学需要重点研究的领域之一，也应是资源经济学需要重点研究的领域。因为人类绝大多数经济活动不仅与气候资源有关，而且气候资源是许多经济活动最基础、最直接的物质性资源。由于气候资源的特殊性，人们在经济活动中不仅大量使用气候资源，而且大量气候资源也被转化为人类社会经济财富。但受西方经济学影响，长期以来经济学界对气候资源经济深入研究成果不多，直到 20 世纪 90 年代以来气候资源经济才引起学界和经济界的普遍关注。

1.1　气候资源经济的内涵

什么是气候资源经济？这是气候资源经济研究必须回答的问题，也是人们能普遍接受气候资源经济概念的前提和基础。

从广义上讲，资源是指一切可被人类开发和利用的全部要素，包括经济的、政治的、文化的和自然的等要素。但在经济学中，传统的经济资源概念一直局限在土地、资本和劳动这 3 个基本要素的范围（陆家骝 等，2000）。然而，现代经济资源则是指在人类的经济活动中一切直接或间接地为人类所需要的，并构成生产要素的、稀缺的、具有一定开发利用选择性的资财来源(杨冬霞,2000)。因此，本研究认为，在经济学中，资源应是指具有一定稀缺性，且能带来一定效用性的物质、能量、信息和特质的总称。它既包括自然资源和社会资源，也包括有形资源和无形资源。其中一定稀缺性和一定效用性是指经济资源是变化和发展概念，在不稀缺和没有效用的情境下则不构成经济资源。

自然资源是经济资源的构成部分，《辞海》对自然资源的定义为：一般指天然存在的自然物，不包括人类加工制造的原材料，如土地资源、矿产资源、水利资源、生物资源、海洋资源等，是生产的原料来源和布局场所(辞海编辑委员会,1980)。1972 年联合国环境规划署认为，自然资源是指在一定时间条件下，能够产生经济价值，以提高人类当前和未来福利的自然环境因素的总称(黄文秀,2001)。《人口、资源与环境经济学》中对自然资源的定义为：自然资源是不依赖人力而天然存在于自然界的有用的物质要素(钟水映 等,2005)。《自然资源学原理》中对自然资源的定义为：自然资源是人类能够从自然界获取以满足其需要与欲望的任何天然生成物及作用于其上的人类活动结果，或可认为自然资源是人类社会生活中来自自然界的初始投入(蔡运龙,2000)。自然资源是经济资源的构成部分，也是恩格斯的观点。恩格斯指出，政治经济学家认为的劳动是一切财富的源泉，其实劳动和自然界一起才是一切财富的源泉，自然界为劳动提供材料，劳动把材料变为财富(马克思和恩格斯,1972a)。这一经济资源观，既把人的劳动、技术因素视为财富的不可或缺的来源，又指出了自然资源的客观存在。这就非常明确地指出经济资源是自然界和人类社会中一切具有可以用以创造物质财富和精神财富的资源要素。

气候自然资源是自然资源的构成部分,是天然存在的自然物。《大英百科全书》称自然资源是:被人类可以利用的自然生成物,以及生成这些成分的源泉的环境功能。前者如土地、水、大气、岩石、矿物、生物及其群集的森林、草地、矿藏、陆地、海洋等;后者如太阳能、地球物理的环境机能(气象、海洋现象、水文地理现象),生态学的环境机能(植物的光合作用、生物的食物链、微生物的腐蚀分解作用等),地球化学循环机能(地热现象、化石燃料、非金属矿物的生成作用等)。该定义明确把自然大气、自然水、太阳能和气象作为自然资源的一部分。中国《在线汉语词典》对自然资源定义为:广泛存在于自然界并能为人类利用的自然要素。它们是人类生存的重要基础,是人类生产生活所需的物质和能量的来源,是生产布局的重要条件和场所。一般可分为气候资源、土地资源、水资源、生物资源、矿产资源、旅游资源和海洋资源等。在这一定义中,明确列举了气候资源为自然资源。在国内,已经有许多专家和学者对气候资源概念有过论述。有人认为,气候资源是指各种气候因子的综合,包括太阳辐射、热量、降水和空气及其运动(高冠民 等,1992)。还有人认为,气候资源是指大气圈中的光能、热量、气体、降水、风能等可以为人们直接或间接利用且能够形成财富,具有使用价值的自然物质和能量,是一种十分宝贵的可再生的自然资源(温克刚 等,1999)。

气候资源概念的形成经历了一个过程。尽管较早就有学者提出气候资源问题,但首次提出具有现代意义的气候资源概念,应始于

1979年瑞士日内瓦世界气候大会，这次会议在《发展时期的气候——主题报告》中提出，“这次大会的实质性准备中产生了一个重要的新观念，这就是我们应当开始把气候作为一种资源去思考”。我国也很早使用了这一概念，如1979年9月上海辞书出版社出版的《辞海》就解释了气候资源内涵，1991年中国气象局发布《气候资源管理大纲(试行)》，2000年《中华人民共和国气象法》(简称《气象法》)将“合理开发利用和保护气候资源”写入立法目的。2004年《中国21世纪初可持续发展行动纲要》提出要“保障气候资源的可持续利用”。2005年《中华人民共和国可再生能源法》(简称《可再生能源法》)将风能、太阳能等气候资源的开发利用确定为国家能源发展的优先领域。2006年国务院《关于加快气象事业发展的若干意见》提出“加快气候资源开发等法律、法规建设，完善配套规章”。《国民经济和社会发展第十一个五年规划》(2006—2010年)提出要“加强空中水资源、太阳能、风能等气候资源的合理开发利用”;《国民经济和社会发展第十二个五年规划》(2011—2015年)提出“有效发展风电，积极发展太阳能、生物质能、地热能等其他新能源”。至此，气候资源概念从自然科学到经济社会各领域被普遍采纳和广泛使用。

目前，气候资源概念可以分以下几种情况。

一是从物理属性列举和效能并用来揭示其内涵，如1994年颁行的《中华人民共和国气象条例》明确，气候资源指能为人类经济活动所利用的气候条件，如光能、热能、水分、风能。又如丁一汇等(2004)提出，气候资源是指光能、热量、降水、风能及可开发利用的大气成分，是人类生产和生活必不可少的主要自然资源，在一定的技术和经济条件下为人类提供物质和能量。邓先瑞(1995)认为,气候资源是一种重要的自然资源,它是指在一定的经济技术条件下,能为人类生活和生产提供可以利用的光、热、水、风、空气等物质和能量。

二是从资源效能揭示气候资源的内涵,如1991年《气候资源管理大纲》中指出,气候资源是指人类凭借一定的手段、方式所能开发利用的那一部分气候条件,是人类可利用、形成财富或使用价值,并能影响劳动生产率的自然物质和能量的一部分。有研究认为,气候资源就是可以在生产物质财富的过程中作为原材料或能源利用的那些气候要素或现象的总体(中国自然资源丛书编撰委员会,1995)。

三是从物理属性和能量进行列举,如杨惜春(2007)提出,气候资源是气候要素中可以被人类利用的那一部分自然物质和能量,包括光能资源、热量资源、降水资源、风能资源和大气成分资源等。

四是从气候因子和物理属性视角进行解释,如高冠民等(1992)认为,气候是一种重要的资源,是各种气候因子的综合,包括太阳辐射、热量、降水和空气及其运动。

五是从自然环境和气候要素广义视角进行解释,如曹凑贵(2006)认为,气候是自然环境的一个重要组成部分。在气候环境中,一部分要素属于自然条件,即气候环境条件,包括各种非物质或能量的农业气候要素,如湿度、气压等;另一部分要素属于可以被人类利用的自然能源和物质,称为气候资源,气候资源包括光、热、水与空气。

六是从综合性多视角定义气候资源,如《中国气象百科全书·气象预报预测卷》定义:气候资源是一种重要的自然资源,是指在一定的经济技术条件下，能为人类活动提供可利用的气候要素中的物质、能量的总称，包括太阳能资源、热量资源、水分资源、生态气候资源和风资源。气候资源是一种可再生资源，具有广布性和不均衡性、连续性和不稳定性的特点，它是人类赖以生存和发展的条件，为人类活动提供所必需的环境、物质和能量。

在以上提出的各种气候资源内涵中，都具有一定的代表性，其共同点在于都承认气候是一种经济资源，无论是气候单独要素，还是各种要素综合，都是可能转化为经济社会生产的物质。其不同点在于揭示气候资源的视角不同，有的侧重于物理属性，有的侧重于功能属性，有的侧重于要素混合属性，有的侧重于更广义混合属性，如曹凑贵(2006)从更广泛意义上提出了气候资源概念，在今天气候环境日益严峻的背景下，本书更倾向于这一种观点，即既从气候要素，又从气候生态环境意义上揭示气候资源的内涵。

从经济学意义上讲，本书倾向认为，气候资源一般是指在生产社会物质财富的过程中，作为生产力要素而被综合利用的或单独利用的气候资源因子的总称，同时气候资源也是一种人类的基本生活资源。从广义上讲，气候资源包括气候资源单因子要素、组合和综合要素、气候环境和气候条件。

第一，这一定义明确了气候资源是在生产社会物质财富过程中的生产力要素。人们对气候资源作为生产力要素可能有不同认识，因为根据政治经济学定义，生产力的三要素包括劳动资料、劳动对象和劳动者，即以生产工具为主的劳动资料，引入生产过程的劳动对象，具有一定生产经验与劳动技能的劳动者。显然，“自然气候资源”

不属于劳动对象和劳动者，这里需要回答气候资源是劳动资料吗，如果能回答这个问题，人们的认识就会统一，这个回答应该是肯定的。因为劳动资料是指在劳动过程中所运用的物质资料或物质条件，是劳动者和劳动对象之间的媒介。这里的“所运用的物质资料或物质条件”，属于生产力要素是没有争议的，但在客观上存在人们有意识的自然利用或无意识的自然利用无形的物质资料或物质条件，气候资源就属于这种状况下的被利用，因此气候资源无疑也属于生产力要素。

气候资源就经济资源来说，是生产力要素构成中的劳动资料组成部分，正如恩格斯所说：“其实劳动和自然界一起才是一切财富的源泉，自然界为劳动提供材料，劳动把材料变为财富”（马克思和恩格斯，1972a）。这样，人们对气候资源是劳动资料组成部分的认识就不难理解了。最明显的就是，种植农业生产没有光、热、水等气候资源的参与就不可能形成生产力，因为一定的光、热、水等气候资源要素是种植农业经济生产过程中不可缺少的自然物质或物质条件（生产力要素）。尽管从古代到现代在自然种植农业经济生产过程中没有单独售卖光、热、水等气候资源的情况，但是在所售卖地价中一定包含了地块所处的光、热、水等气候资源配置情况，这也是地级有差价形成的原因之一。现在一些地方的房价也有朝向差价问题，同样也体现了光、热、风等气候资源相应价值。这是有关土地经济学中需要研究的问题。

第二，这一定义明确了气候资源经济利用的复杂性和发展性。人们在自然经济条件下，生产活动离不开气候资源，但人们对气候资源的经济利用则经历了从简易到复杂、从低级到高级、从古代到近现代的曲折过程。

一是从综合利用的气候资源分析，其经济利用不是取决于气候资源某一资源要素，而是需要光、热、温、水、风等气候资源共同作用和相适应的配置，才能形成现实的生产能力，种植农业生产需要对气候资源综合经济利用的特征最为明显。正是因为地球不同区域光、热、温、水、风等气候资源分布和配置的差别，才形成了地球上不同区域千差万别的物种，也形成了不同区域的作物差别和气候资源经济的比较优势。现代科学技术发展，虽然可以极小范围打破气候资源分布差别和组分配置，但在总体上经济利用还不可能跨越气候资源分布和配置的自然规律。

二是从独立利用的气候资源因子分析，人类经济生产活动对气候资源因子独立利用在自然经济时代就已经出现，诸如晾晒、扬场、风车、水磨、风帆、塘堰、水坝、冰窖等，这些都是对光、热、温、水、风等气候资源的单要素利用，有的还形成了相应经济产业，如晒盐业、放排业。在自然经济时代，人类社会生产为单独利用气候资源因子发明和创造各式各样的工具，极大地促进了自然经济时代社会生产能力提升。近现代天气预报产生以后，人们在生产生活中独立利用气候资源因子的形式则更加丰富，内容涉及范围更加广泛，极大地增强了气候资源因子利用效率。诸如根据天气预报可以提前对气候资源因子利用作出生产安排，诸如选择预报降雨前 1 天或降小雨时植树，选择晴天进行农作物收割，选择雨天前抢种等，准确的天气预报为人们在生产中有计划利用气候资源因子提供科学依据。在现代技术支持下，水能发电、光伏发电和风能发电等都对气候资源因子的独立经济利用产生了巨大的经济社会效益。

第三，气候资源参与生产社会物质财富过程的说法可能还比较抽象，人们理解起来可能不够直观。这里可直接以气候资源参与种植农业生产创造新财富的过程作说明，一个地区的光、热、水、气等气候资源就是一个地区种植农业生产的经济资源。因为一个地区的气候资源不仅直接参与这个地区的种植农业生产过程，而且潜在地决定了这个地区种植农业生产的品种、品质和产量。对种植业而言，气候资源更多是一种综合性利用，有研究认为种植作物产量形成实际上是把太阳能转化为光能以供作物生长的结果。在作物形成的全部干物质中，90％～95％是光合作用的产物，有专家研究提出，可以将作物产量表示为经济产量＝生物产量×经济系数＝净光合产物×经济系数＝[（光合面积×光合能力×光合时间）－呼吸消耗]×经济系数。可见，当光合面积适当大、光合能力高、光合时间长、光合产物消耗少，加之光合产物分配利用合理时，就能获得高产。因此，通过各种措施和途径，最大限度地利用太阳辐射能，不断提高光合生产率，形成尽可能多的光合产物，是挖掘作物生产潜力的手段（党秀敏，2014）。但是，作物从生长到成熟光合作用的维持，还必须有相应的水分气候资源和地温气候资源配置，水分气候资源过多或过少，地温气候资源过低或过高，光合作用就难以或不能维持，就不可能达到最佳光合作用效果，从而造成减产，也达不到理想的经济效果。这样人们就不难理解，气候资源参与种植农业生产物质财富过程。其实，种植农业生产从育苗到成熟，都需要光、热、水、气等气候资源相配置，如果不相配置就可能没有农业收成；如果配置不佳，就可能出现品质不佳或产量不高。显然，自然农业生产对气候资源具有高度的依赖性。

第四，气候资源是人类的基本生活资源。人类的生活离不基本气候资源保障，有许多专家可能认为，人类生命共享的空气、雨水、阳光等气候资源是一种天然的自然权利，确实在人类漫长发展的进程中一直享有这种自然权利。但是，经济社会发展当下，空气不洁、水质不净、蓝天鲜见，呼吸新鲜空气、饮用洁净水、享受舒适气候则成为奢侈品，人们才真正认识到气候资源是人类生存与发展最基本的生活资源。

第五，从广义上讲，气候资源还包括气候环境和气候条件，这是一个随着经济社会发展逐步扩大的内容，因为气候环境和气候条件不一定是气候资源的物质要素或传统经济难以利用的气候要素，如空中云水资源、空中风力资源等，但在今天可能成为重要气候资源要素，如空中风流动是保持大气扩散力的重要资源，如果经济活动生产排放物超过风的扩散能力，就可能造成空气污染。因此，现在把气候环境和气候条件纳入气候资源范围就不难理解了。

随着现代科学技术的发展，水力动能、太阳光能和风力动能都可以直接用于发电，水能、光能和风能气候资源直接成为电力生产资源要素，人们对气候资源的认知程度日益提高，气候资源经济的价值正在被人类广泛开发和利用。

1.2　气候资源经济的渊源

“气候资源经济”一词尽管出现较晚，但从事气候资源经济活动，可以说是一直伴随着人类的成长、进步与发展。气候资源经济与人类社会发展有着非常深厚的渊源。自人类社会出现以来，就存在气候资源利用的经济问题。从客观上讲，人类最初的经济活动，主要是围绕如何利用气候资源和气候条件而展开的。在自然经济发展阶段，人类的经济活动主要从事与气候资源有关的活动，人类涉及的气候资源经济活动十分广泛。

气候资源经济一直是人类十分重视的经济问题。中国古代自然农业经济很发达，它的形成从根本上讲是地理气候起到了关键作用。自然农业从经济意义上看，它实际就是处理土地、气候资源和人的关系。自然农业经济生产中，人们最想而又最难把握的就是气候资源因素，气候资源因素又可分为气候资源、气候条件和气候灾害，这三者对自然农业经济生产的成本和效益构成不同的影响。因此，在 1984 年就有专家撰文认为，先秦时代形成的《吕氏春秋・审时篇》（牛力达，1984）可以说是我国最早的一篇气象经济学著作。

自然种植农业经济生产时间，是由农民的劳动时间和农作物积累气候资源时间构成的。正如马克思和恩格斯（1972b）所指出的那样，生产时间和劳动时间的差别在农业上特别显著。在温带气候条件下，土地每年长一次谷物。生产时间的缩短或延长，还要看年景的好坏而定，因此不像真正的工业那样，可以预先准确地确定和控制。

种植农业经济并不是因为单纯农民简单的劳动时间来决定收成产量和质量的，除劳动时间外，还取决于水、温、光、气等自然气候资源的时间和空间配置，如这些气候资源要素达到最佳配置，在其农业生产要素不变的情况下，农业产量就可能比正常年景提高 20%～30%，中国古代就有“以此时（立春后 20 日内）耕，一而当四。和气去耕，四不当一”之说（石声汉，1956）。涂长望（2000）在研究衡阳棉花产量与雨量关系时，得出 7 月、8 月、9 月 3 个月雨量 1934 年总计 145.8 毫米，棉花收成为 30%；1935 年总计 345.2 毫米，棉花收成为 80%，由此可见，气候资源与农业经济效益存在关系。如果配置不佳，产量就可能减半，甚至颗粒无收而没有劳动成果回报。因此，种植农业就必须遵循自然气候规律，也是自然农业经济时代的规律。但怎样才能掌握农业气候资源生产的这些规律呢？从经济学视角看，这就需要有公共性或私人性的研究或学习的成本投入。在中国古代统治者当时看来类似于迷信活动，但在实际上达到了投入很大成本去认识和推广农业气候资源技术的效果。中国古代农业经济之所以发达，就是古代劳动人民在农业生产实践中认识并掌握了应用自然气候资源的一般规律。

我国古代很早就认识到气候资源的经济价值，战国时孟轲提出了“不违农时，谷不可胜食”的农业经济思想，荀况（1990）有“春耕、夏耘、秋收、冬藏四者不失时，故五谷不绝，而百姓有余食也”的论述，这些均说明了古代对气候资源经济时节性的高度重视。

我国古代称气候资源为宝，如形成于战国末年的《吕氏春秋》一书中就记有“凡农之道，候之为宝”，这里的“宝”相当于现在的经济或财富之意，可见当时人们已经充分认识到气候资源的经济价值。如在《辨土》篇中说："所谓今之耕也营而无获者，其蚤者先时，晚者不及时，寒暑不节，稼乃多菑。"即非常强调抢夺农时以及对自然水、温、照、气等资源的利用，误时误节，自然水、温、照、气等资源配置不佳，庄稼将多灾。在《审时》篇中指出"凡农之道，候之为宝。种禾不时，必折穗。稼就而不获，必遇天菑。得时之稼兴，失时之稼约（即长得差，减产）。"在《审时》篇中详述了先时、得时、后时和失时对有关作物生长、发育、产量和品质的影响，"是以得时之禾，长稠长穗，大本而茎杀，疏穖而穗大；其粟圆而薄糠，其米多沃而食之强。如此者不风。先时者，茎叶带芒以短衡，穗巨而芳夺，秙米而不香。后时者，茎叶带芒而末衡，穗阅而青零，多秕而不满"（吕不韦，2006）。

在农业生产中，提高经济效益就必须掌握和利用气候资源的季节规律，中国古代进行了长达几千年的观察和总结，到西周时基本形成了一年四季的认识，到春秋时形成了比较完整的四季和节气认识，到秦汉时期，则形成了现代还在沿用的农业二十四节气、七十二候，已经有2000多年，它基本反映了黄河中下游地区的农业气候资源特征，从事农业经济生产就按照二十四节气安排，对指导我国古代农业经济生产发挥了重要作用。

古人认为，二十四节气、七十二候既是天地运行之规律，也是农业经济生产之规律，并上升为国家政治活动之遵循。西汉《氾胜之书》利用二十四节气指导农业生产，书中就记有："以时耕田，一而当五，名曰膏泽，皆得时功。""五月耕，一当三。六月耕，一当再。若七月耕，五不当一。"反之，耕不及时而出现的"脯田"与"腊田"都是耕坏了的田。这种田，土壤坚硬干燥，长不好庄稼。这里说明了农业生产遵从了气候规律，水、温、光、气等气候资源得到最佳利用与违背气候规律，农业经济生产效益有10倍之差。

如何根据节气提高种植农业生产经济效益，《吕氏春秋·任地》篇说："冬至后五旬七日，菖始生，菖者百草之先生者也，于是始耕。孟夏之昔，杀三叶而大麦。"（吕不韦，2006）这里只是对农候重要性的认识，农业气候资源技术则需要针对不同品种的种植时节作出更加具体的安排，在这方面古代取得了很多成果，如《氾胜之书》明确记述："冬至后一百一十日，可种稻""三月榆荚时，有雨，高田可种大豆""凡田有六道，麦为首种，种麦得时无不善。夏至后七十日，可种宿麦，早种则虫而有节，晚种则穗小而少实""种瓜常以冬至后九十日、百日，得戊辰日种之""种麻预调和田，二月下旬、三月上旬傍雨种之"（吕不韦，2006）等。这些应用气候资源的技术经验总结为指导人们掌握不同品种的播种生产季节提供了帮助。

自然农业经济生产除气候资源禀赋外，还受到天气条件和天气变化的影响，利用有利天气条件提高农业生产效益，避免不利气候资源条件减少农业损失。对此，中国古代也有深刻认识，如《氾胜之书》载有"后雪复蔺之，则立春保泽，冻虫死，来年宜稼"。又如《农政全书》把对土地的精耕细作和经营管理称为营治，根据天气情况进行田间管理，《农政全书》引《农桑辑要》说："治秧田，须残年开垦，待冰冻过，则土酥，来春易平，且不生草。平后必晒干，入水澄清，方可播种，则种不陷土中，易出。"重视推广沟洫技术，涝则排泄，旱则灌溉，非常强调"沟洫之于田野，可决而决，则无水溢之害；可塞而塞，则无旱干之患”(徐光启,2002)。仅从《农政全书》来看,凡涉及农业生产中耕、种、栽、犁、耙、抄、锄、管等气候资源技术问题都有论述。

在自然农业生产时代,人们从事种植农业劳动时间可分为备耕劳动时间、耕种劳动时间、田间管理劳动时间、收获劳动时间,在这几个劳动环节中,因天气条件和气候灾害原因而发生的劳动时间占比很高。因此,在传统的种田人中常有“三分种、七分管”之说,“七分管”中防涝、防渍、防旱、防高温、防冻、防风、防雹和利用有利天气条件,占了很多劳动时间。因此,如果按照劳动产生价值理论分析,古代自然种植农业生产价值中,在正常年份可能就有相当一部分劳动时间因气候条件的变化而产生。正是因为这种劳动,中国古代才创造了人类历史上最丰富、最持久的农业经济文明。

中国在自然农业生产时代,形成了许多与气候资源经济相适应的社会生产关系。在中国古代,农业生产季节被国家列为大事,朝廷形成了以月令和政令的形式指导农业生产季节,如《吕氏春秋·孟夏纪》记载,孟夏“是月也,天子始絺。命野虞,出行田原,劳农劝民,无或失时。命司徒,循行县鄙。命农勉作,无伏于都”(吕不韦,2006)。其意为“这个月,天子开始穿细葛的衣服。命令官吏视察田地原野,劝说鼓励百姓抢时耕作,不要失掉农时。命令主管教化的官吏,巡视县邑,命令农夫努力耕作,不要藏伏在国都之中。”按照现代的意思就是要求朝政官员到农村田间指导农业生产,催耕催种。

据《逸周书·大聚解》记载,早在几千年前就有“春三月,山林不登斧斤,以成草木之长;夏三月,川泽不入网罟,以成鱼鳖之长”等保护自然生态经济的法则。孟子提出“不违农时,谷不可胜食也。斧斤以时入林，林木不可胜用也”（杨伯峻，1984）。为了保证不违农时，中国古代法律对在农忙季节征兵征劳役就有明确限制，甚至禁止农忙时节征兵和斩判罪犯。根据史书的记载，早在春秋时期“赏以春夏，刑以秋冬”（见《左传·襄公二十六年》）已形成制度，并成为后世历代行刑的通例。中国古代以农立国，古代统治者也考虑到春夏乃农事季节，审判处决重大刑案，往往牵涉多人，“上逆天时，下伤农业”。这是中国历史上秋冬行刑制度历久不变的重要原因，从现代观点来看，也算是经济基础影响上层建筑的典型范例。中国古代先民对气候季节非常关注，形成了许多相关的法律习惯，如农民到现代还能接受按年支付劳动报酬的法律习惯，因为农业收成是按气候季节以年为时间单位结算的。

为保护气候资源和气候资源经济生产，我国很早就形成了许多相关的习惯或法令。如《吕氏春秋·孟春》记载，孟春之月“乃修祭典，命祀山林川泽，牺牲无用牝，禁止伐木；无覆巢，无杀孩虫、胎夭、飞鸟，无麛无卵。无聚大众，无置城郭，掩骼霾髊。是月也，不可以称兵，称兵必有天殃”。其意为在孟春之月修订祭祀的典则，命令祭祀山林河流不用母牲做祭品。禁止砍伐树木，不许捣翻鸟巢，不许杀害幼小的禽兽，不许捕捉小兽和掏取鸟卵，不得聚集民众，不得建立城郭，要掩埋枯骨尸骸。这个月，不可以举兵征伐，举兵必定遭判天灾。即已经到了物华禽繁时节，不可捣巢杀幼；已经到了备耕春忙时节，不可动用民众民力，不可起兵。

仲春“是月也，耕者少舍，乃修阖扇。寝庙必备。无作大事，以妨农功，是月也，无竭川泽，无漉陂池，无焚山林”。其意为：这个月，耕作的农夫稍事休息。整治一下门户。祭祀先祖的寝庙一定要完整齐备而没有毁坏。不要兴兵征伐，以免妨害农事。这个月，不要弄干河川沼泽及蓄水的池塘，不要焚烧山林。

季春“是月也，命司空曰：时雨将降，下水上腾，循行国邑，周视原野，修利堤防，道达沟渎，开通道路，毋有障塞”。其意为：这个月，天子命令司空说：应时的雨水将要降落，地下水也将向上翻涌，应该巡视国都和城邑，四处视察原野，整修堤防，疏通沟渠，开通道路，使之没有障碍壅塞。这些记述在当时可能相当于现代的法令，也可能是对当时习惯的归纳和整理，要求当时或后世遵循。

我国自然农业经济生产持续了几千年，土地、水和气候资源成为农耕经济之三宝，并形成了许多与土地、水和气候资源经济相适应的生产关系。特别是由于掌握了气候资源与农业生产的基本规律，我国传统农业土地、气候资源利用率很高，土地、气候资源生产率也相当高，如《汉书・食货志》载，李悝言“今一夫挟五口，治田百亩[①]，岁收亩一石[②]半，为粟百五十石”（金少英 等，1986），即说当时粟谷的亩产量为 1.5 石，每百亩的总产量收 150 石（余也非，1980）。由此可见，当时农业经济效益之高，农业气候资源利用达到了当时相当高的水平。

从古代自然经济区域分布来看，中国古代主要呈三大经济分布带。北方以长城为线的以北地区，以牧业生产为主，因为这里的气候（光、温、水、热）资源年总量不足，达不到种植农业稳定的光、热、温、

① 1 亩＝1/15 公顷，下同。
② 在汉代，15 千克为钧，4 钧为石。

水等气候资源的需求，只适合于长草而放牧；南方则以岭南为线的以南地区，以采摘农业为主，丰富的气候资源自然生长了大量可采摘食物，直到秦汉以后才开始逐步大规模开发种植农业，因为这里的气候（光、温、水、热）资源年总量很高，一方面采摘能基本满足当时条件下人们的需求；另一方面当时人力资源开发能力有限；古代处于南北之间地带的地区，才是我国古代农业发展的重要区域。受这种气候资源分布的影响，在农业经济业态中直到现代仍然可以看到这种经济分布的痕迹。

在古代，从农业自然气候资源条件来讲，相较于我国的地理气候，西方区域的地理气候不利于传统农业经济生产，由于西欧的农业生产季一年只有 200 天，而且雨水平均分配，夏季种植作物时雨水数量显得不足，冬天种植小麦时雨水又显得过多。欧洲地理气候因素一定程度限制了其种植业发展，最终在欧洲形成的是种植业与畜牧业并存的农业格局；在地中海上的几个半岛区，地中海气候使得各个半岛上的平原谷地一年只能种一次粮食作物。西方国家由于地理和气候资源原因，对农业气候资源经济的认识应当说不如东方国家，虽然也有一些研究成果，如古罗马瓦罗《论农业》，他在书中对庄园经营的一系列变化作了详细介绍，诸如生产技术有所进步，开始深耕细作，土地逐渐被充分利用起来，而且开始注意地貌的情况；开始使用农药，掌握了合理施肥的技术等。但总体而言，西方农业生产对气候资源技术的掌握比较浅显，农业生产管理较为粗放，一般用撒播方式播种，几乎不进行田间管理，产量很低。从罗马帝国灭亡到 18 世纪末法国大革命前，欧洲各地谷物的单位面积产量很少有提高，在生产技术上也无多大改进。学者宁可(1980)指出:“如果从播种量看,欧洲中世纪农业的粗放程度就更惊人了。当时一般收获量最低是播种量的一倍半到两倍,一般是三四倍,最好的年成也不过六倍。至于我国,从云梦秦简的材料看,收获量为播种量的十倍到十几倍,而据《氾胜之书》《齐民要术》记载则已达到几十倍至上百倍。”总之,古代西方农业气候资源经济活动落后于东方,农业气候资源利用技术远不及中国。

在中国古代除农业气候资源利用外,建筑、交通、军事、医疗等领域都有关于气候资源科学利用的记载。春秋战国时期的哲学家墨子(公元前468年—公元前376年)所著的《墨子》中就有“为宫室之法曰:高,足于辟润湿;边,足以圉(抵御)风寒;上,足以待雪、霜、雨、露”。用于指导人工创造合适居住的建筑小气候条件。“阳燧取火”作为太阳能利用记载最早出现在3000多年前的中国西周(公元前11世纪),而风帆助航在中国也已有3000多年的历史,如《物源》就记载了“夏禹作舵加以篷碇帆樯”。医学气象知识也早在中国春秋战国时期出现,如秦国医和(公元前541年)论阴、阳、风、雨、晦、明为六气,六气太过就会引起各种疾病,明确指出了疾病与气候的关系。中国古代气候知识还在林、牧、渔、盐业以及酿造业和纺织业等方面均有应用。

在西方也有类似利用气候资源的记载,如埃及在2000多年前就出现了风磨,而在8世纪欧洲开始采用风力机提水和磨面。公元前400年希腊名医希波克拉底(Hippocrates)所著的《空气、水和土地》中记载了疾病发生与气象的关系;S. W. 特龙普(S. W. Tromp)1963

年所著的《医学生物气象学》(*Medica Biometeorology*)中系统阐明了气象条件与人体生理、病理的关系,为医疗气象学奠定了理论基础。

总之,从历史渊源上看,无论东方还是西方,人类社会发展利用气候资源的经济活动从未中断和停止,而且应用研究也一直在不断向前发展。

1.3 气候资源经济学的形成过程

气候资源经济现象和人们对气候资源经济研究由来已久,但从经济学视角来研究气候资源的成果则较为分散,有的虽然称为气候经济学或气候变化经济学,但大多是从气候条件和气候变化视角来展开研究的。从气候资源经济学形成过程来看,总体上还是处于起步阶段,许多研究成果则分散在自然资源经济学、农业经济学和应用气象学中,也有一些独立性(如太阳能、风能等)气候资源经济研究成果,但就气候资源经济学系统性研究较少,作为一门气候资源经济学科还处于起步之中。

1.3.1 气候资源研究兴起及学科形成

具有现代意义的气候资源经济研究出现在具有气象器测以后的近现代。人们对气候资源的认识,是一个对气候研究不断深化的过程,在近现代气象观测技术发展以后,人们才逐步掌握了对地球气候分布的科学数据,并首先开始关注气候与农业的问题,对气候资源的研究不断兴起。

(1)农业及应用气候研究起步

从气候资源经济渊源来看,人类在生产活动中研究和利用气候资源的历史非常悠久,但应用近现代气象科学技术研究气候与经济相结合,则始于19世纪末和20世纪初,当时重点是研究农业气候问题。

在俄国,学者沃耶依科夫倡导把气象学知识用于农业生产,首创农业气象站,并于1884年制订了俄国第一个农业气象观测计划。1854年俄国D·鲁托维奇首次出版了《农业气象学》。1897年俄国的伯罗乌诺夫组建了农业气象机构和观测站网。1937年苏联谢良尼诺夫出版了《世界农业气候手册》。在欧美地区,20世纪初,一些国家开始组织农业气象观测网,农业气象观测的发展推动了作物气象学的试验研究和农田微气象学的发展,1939年阿齐划分了意大利小麦自然地理区,开创了农业气候区划的先河。这些开拓性工作为农业气象学的发展奠定了科学基础。国际气象组织于1929年成立了气候委员会、1931年成立了农业气象委员会,开始较系统地开展气象为农业等的服务和研究工作。20世纪70年代自然与社会科学交叉的蓬勃发展,极大地推动了应用气象学科的发展。联合国召开的一系列会议,包括环境会议(1972年)、世界粮食会议(1974年)、人类居住环境会议(1976年)、水会议(1977年)、新能源和可再生能源会议(1981年)、世界太阳能高峰会议(1996年)等有效地促进了气候与其他学科的相互交叉与渗透。特别是20世纪80年代以来,人类面临着粮食、资源、环境、能源、人口等突出问题,全球气候成为国际政治重点关注的领域，气候与农业、水文、交通运输、航海、航空、海洋渔业、环境保护、军事、工业、城市建设以及公共卫生等领域关系受到全社会的普遍关注，有力地推进了气候学科与其他学科之间的交叉，进一步促进了应用气候学科的发展。

在中国，近代应用气象研究则始于20世纪20年代。1914年中国农商部令各省农林机关设农业气象观测所。1922年竺可桢发表《气象与农业之关系》，1923年徐金南出版专著《实用气象学》，1932年陈遵妫开始讲授“农业气象学原理”，并于1935年在商务印书馆出版教材《农业气象学》，1944年涂长望发表《农业气象的内容及其研究途径述要》。这些农业气候应用问题的研究，为气候资源学科建立提供了基础。20世纪50年代以后，气候为农业、工业、军事、水利、电力、交通运输、建筑、能源等服务的研究被称为专业气候，60年代末则改称为应用气候。1985年我国第一部专著《应用气象》（谭冠日、严济远、朱瑞兆编著）问世。1998年全国专业目录调整，教育部批准将农业气象学专业改为应用气象学专业。目前，应用气象学形成了十分庞大的学科群，如农业气象学、水文气象学、海洋气象学、航海气象学、航空气象学、军事气象学、医疗气象学、旅游气象学、建筑气象学、城市气象学、生态气象学等分支学科。有的甚至发展形成下一级分支学科，如农业气象学分支形成了作物气象学、林业气象学、牧业气象学、水产气象学等。中国应用气象学发展不仅为气候资源学科奠定了基础，而且应用气象学研究大多涉及科学利用气候资源问题。

（2）气候资源学科概念形成

气候资源学作为一门新兴学科，在20世纪50年代才得到较快的发展，其发展历程主要包含以下3个阶段。

第一阶段：20世纪40年代，美国气象学家兰茨贝格曾以《气候是一种重要的自然资源》为题发表文章，列举种种理由阐明气候应该是一种重要的资源，促进了气候观测与气候资料的收集、整理和管理工作的进一步改善。世界上不仅气候学家，其他科学工作者在从事资源分析和利用时，也都能接受气候是资源的观点。

第二阶段：20世纪50年代苏联学者提出了气候肥力的概念，所谓气候肥力是指气候满足并调节植物生长所需要的光、热、水、气的能力。之后，为了全面研究气候在农业上的生产效应，又有学者提出"气候生产力"概念，它是指作物最大限度地利用气候条件的生产效能和对不利气候因素抗性的综合生产力。中国科学家在20世纪50年代提出气候资源概念，如1956年提出了"要揭示气候资源以供人类应用于生产建设"，1957年提出了"有效地利用各地区的气候资源，以满足农业生产部门的需要"(涂长望，2000)。

20世纪50年代开始光电转换的应用研究，1954年美国贝尔实验室研制成了世界上第一个实用的太阳能电池，效率仅为4%，光电池成本仍比传统能源发电高几十倍，因而光电转换的推广受到了限制。中国也于1958年开始研究太阳能电池和太阳能开发应用。

第三阶段：1979年以后，日内瓦世界气候大会会议主席罗伯特·怀特(Robert M. White)在《发展时期的气候》主题报告中强调"应当开始把气候作为一种资源去思考"，将气候资源作为新概念提出来。在此次大会上通过了《世界气候计划》，旨在研究合理利用气候资源的途径、预测气候变化和预防气候灾害的方法，以保护气候环境和气候资源。

20世纪80年代、90年代，气候资源科学得到快速发展，从中国对气候资源研究成果来看，主要围绕农业作物、植物生长所需要的光、热、水、温等分布及其配置进行专项或综合性研究，包括对小气候资源、立体气候资源、区域气候资源的开发利用研究，已经形成的专项研究成果有1984年完成的《中国农林作物气候区划》、1985年完成的《中国农业气候区划》、1991年完成的《中国的气候与农业》、1995年完成的《中国自然资源丛书·气候卷》等。由科学出版社出版的有《农业自然资源》(2001年)、《小气候与农田气候》(1981年)、《中国农业气候资源和农业气候区划》(1988年)；由气象出版社出版的有《中国主要农作物气候资源图集》(1984年)、《中国农林作物气候区划》(1987年)、《农业气候资源分析和利用》(1985年)、《农田小气候文集》(1991年)、《农田蒸发研究》(1991年)、《中国农业资源综合生产能力与人口承载能力》(2001年)、《中国亚热带山区农业气候资源研究》(2001年)、《中国北方粳稻资源调查与开发》(1998年)；由中国人民大学出版社出版的有《中国农业气候资源》(1993年)；由农业出版社出版的有《中国畜牧业综合区划》(1984年)；还有福建科学技术出版社出版的《农业气候资源分析和利用》(1982年)，贵州科学技术出版社出版的《中国小麦气候生态区划》(1991年)，等等。这些成果不仅丰富了气候资源研究成果，而且促进了气候资源学科发展。

气候资源本身就是一个经济学概念，人们讲资源一般应是指具有经济价值的资源。根据资源的定义，是指一国或一定地区内拥有的物力、财力、人力等各种物质要素的总称。资源分为自然资源和社会资源两大类，前者如阳光、空气、水、土地、森林、草原、动物、矿藏等；后者包括人力资源、信息资源以及经过劳动创造的各种物质财富。气候资源本身就是气候资源经济学研究的对象之一，也可以说是气候资源经济学研究的基础内容，气候资源学已经为气候资源经济学产生与兴起奠定了学科基础。

(3)气候资源学科发展

从气候资源研究的理论与实践分析，到21世纪气候资源学的发展演进过程实现了以下几个方面的转变。

一是从个别、国别到整体、全球性的学科领域研究转变。气候资源学首先与农业生产相结合得到发展，随后气候资源在林牧渔、建筑、旅游、交通运输、能源、工业等行业开发利用的全方位学科研究，形成了丰富的气候资源学领域。气候资源学开始较多限于一国的气候资源研究，但随着全球气候问题的不断恶化，科学家开始把气候资源的研究与全球性的水资源和生态环境保护、粮食、能源问题紧密联系起来，使气候资源研究成为全球性热点，气候资源学日益国际化研究已成必然趋势。

二是从气候资源的静态分析向与气候资源动态分析并重转变。在20世纪80年代以后，随着气候资源观测技术和手段不断提高，特别是信息化技术的发展，使气候资源资料能被多途径地收集，这为气候资源学研究奠定了坚实基础，再加上统计学方法、数值模拟方法、气候相似原理等的引入，气候资源分析从传统的定性与粗定量的结合描述转为时间和空间的精准定量计算，而且对气候资源由传统静态性研究转变为日、月、季、年的时间和空间动态过程的研究与数值模拟并预测。

三是从气候资源传统技术方式利用向现代技术方式利用转变。气候资源传统技术方式利用以植物、生物为主，且主要限于传统农业气候资源利用，而现代则采用水力发电、太阳能发电、风力发电、太阳能热水、太阳能建筑和设施工程农业等技术方式利用，气候资源已经成为重要的可再生绿色资源。随着社会发展和全球性环境不断恶化，可采用现代技术方式利用的气候资源作为可再生清洁能源的主要来源，利用价值越来越显著，越来越感到稀缺，因此，除考虑气候资源利用中各行各业的适当分配比例和相互结合问题外，还将注重气候资源利用对环境影响和气候资源本身保护问题，只有在保护好气候资源的条件下，才能更有效地利用气候资源，这已经成为当代经济社会发展的一个重大问题而受到普遍重视。随着地球上不可再生的化石燃料在能源结构中比例的逐步下降，作为可再生清洁能源的气候资源，在经济社会的可持续发展中将会越来越发挥其应有的作用，合理开发利用气候资源和提高气候资源利用率将是气候资源学长期的基本任务。

气候资源学科发展已经较为成熟，并且形成了明确研究对象，主要包括气候资源分布和变化规律的研究，这是气候资源学中最基本的研究内容；气候资源计算和评价方法，包括太阳辐射的系列计算方法、热量资源各指标的表示和确定方法、水分资源的确定和计算统计方法、风能的计算方法、无气象观测地区气候资源推算方法、气候资源综合评价分析方法等；气候资源合理开发利用的研究，是开展气候资源研究的最终目的；气候资源管理和保护的研究，随着人类生产活动向深度和广度的发展，一方面气候资源的稀缺在加剧；另一方面工业污染使生态环境遭到日益严重的破坏，对气候资源的影响愈来愈明显。世界正面临来自气候环境恶化的风险，为了迅速扭转逆势，必须研究制定有效的气候资源管理和保护法规。

1.3.2　气候资源经济学研究的兴起

气象经济学是一个大概念，涉及包括气候资源、气候变化、气象服务、气象信息、气象数据等气象领域的经济学问题。气候资源经济学主要从气候资源意义上涉及的经济问题展开研究。气候变化经济学则主要从应对气候变化引起的经济问题或经济学问题展开研究。

气候资源经济学的兴起不是一种偶然现象，一些专家、学者从气候研究、气候资源到气候与经济关系研究，经历了从专业化、科学化再到学科化的发展阶段。尽管气候资源经济学还处于起步阶段，但已经形成了多部气象经济学著作成果，气候资源经济学研究对象不断清晰。

(1)国内气象经济学发展过程

气象经济的存在是气象经济研究产生的前提和基础，气象经济学则是气象经济研究发展到一定阶段的产物。20 世纪 80 年代以前，中国气象经济研究和关注的重点主要体现在农业经济领域。20 世纪 80 年代以后，气象经济研究取得较快发展，除气候与农业经济领域外，气象经济研究的领域得到全面拓宽。1984 年，中国气象局在《气象现代化发展纲要》中明确提出，“调查、评价气象服务的经济效益和社会效益，建立统计、评价的科学方法”(邹竞蒙，1997)，实际上明确提出了开展气象服务经济研究问题。到20世纪80年代末，中国气象服务已涵盖了农业、工矿、城建、交通、水利、电力、旅游、仓储等领域。

①气象经济学科形成。到20世纪80年代末期，中国气象学界和经济学界提出了气象经济学概念，如黄宗捷(1988)较早发表了《气象经济学论纲》，开始对气象经济学基本理论作了一些粗略论述，在国内较早提出气象经济学这一概念。该文提出气象经济学是研究气象服务的经济现象及其变化规律的科学。换言之，气象经济学研究的对象是气象服务产品生产全过程中所发生的生产、分配、交换和消费的经济运动、气象服务产品生产在社会再生产中的作用以及同社会经济各部门之间的经济关系。

从20世纪80年代、90年代直到21世纪初，中国一些专家和学者一直把气象服务作为气象经济学的主要研究对象，并在气象服务经济学研究方面取得了重大进展。黄宗捷和蔡久忠于1994年出版了《气象经济学》，这也是中国第一本气象经济学专著，作者把气象服务经济作为气象经济学的研究对象，也为气象经济学的深入研究奠定了一定基础。但是，随着中国市场经济的发展，气象服务市场不断发生新的变化，迫切需要能适应市场经济需要，指导气象服务发展新的气象经济学。2000年马鹤年主编的《气象服务学基础》出版，进一步研究了气象服务经济学问题，提出了利用公益指数来划分公益气象和商业气象，分析了气象服务的投入收益反馈机制，认为基本公益气象应由国家投入且向社会无偿提供，附加公益气象服务应实行补偿性的收费制度，而商业性气象服务可完全按市场机制收费。

为适应气象学科教学需要，2010年南京信息工程大学吴先华出版了《气象经济学》，这本教材实际上也是气象服务学，主要结合现代经济学理论，从介绍气象经济学的基本概念、属性及研究对象和方法入手，进行了气象服务产品的供需平衡分析、公共经济学分析；在总结前期研究探索初步成果的基础上，介绍了气象与高敏感行业发展关系的定量分析、天气金融风险管理工具、气象服务效益评估的发展概况与研究模型；分析了当今国际社会普遍关注的气候变化问题，探讨了其应对措施，并上升到国家发展战略层面，分析了应对气候变化国际合作的发展。

除以上气象服务经济学著作外，围绕气象服务经济学一些专题研究的成果还有很多，诸如气象服务效益评价、气象与国民经济等专题(黄秋菊 等，2017)。但总的来看，基于市场经济原理，从气象服务经济学特性来研究气象经济的系统论述仍然显得不足，气象经济学的理论框架和学科体系仍有待创立。

从以上气象经济学发展过程来看，从气象服务产品的生产、分配、交换和消费研究了气象服务经济的一般规律。但是，从消费端分析则可以区分生产消费和生活消费，气象服务产品无论是公益性生产消费，还是私人生产消费，除避免天气气候之害外(避开不利于开展生产活动的天气气候条件)，更多则是充分利用天气气候资源或条件趋利，以达到提高生产效率或增加效益的目的，这种生产效率或效益来源就是充分利用气候资源的增值，并可形成如下公式：

气候资源增值额＝科学利用气候资源产生总价值额－气象服务产品消费额

从生产消费者视角看，科学利用气候资源产生总价值额大于气象服务产品消费额，才会购买气象服务产品，尽管由于现代气象科技水平，有时因单次气象服务产品不准而没有实现利用气候资源增值额，但将每次科学利用气候资源产生总价值额一定大于气象服务产品消费额，这就不难理解气象服务产品市场存在和发展的问题。因此，可以说气象服务经济学从另一视角开拓了气候资源经济学的视野。

②气候变化经济学演进。从20世纪80年代起，经济学家逐渐开始关注气候变化的问题，并使用经济学研究方法对控制全球变暖、温室气体减排所支付的成本，以及为人类带来的收益进行比较。进入21世纪，中国气候变化经济学科取得重大进展。2003年商务印书馆和气象出版社分别出版了崔大鹏的《国际气候合作的政治经济学分析》和潘家华等的《减缓气候变化的经济分析》，自此气候变化经济研究不断升温。2006—2019年《经济研究》累计发表了能源环境及气候变化相关论文65篇。仅在2010年与2013年，能源环境与气候变化相关研究成果就在《经济研究》上发表了10篇之多。《经济研究》的重视有力地促进了能源环境与气候变化经济学学科的不断发展（陈诗一 等，2019）。

气候变化经济学指的是气候变化特别是应对气候变化引起的经济问题或经济学问题。气候变化经济学面临应对气候变化的国际、代际公平的挑战，以及国际地缘政治经济学和国际地缘政治生态学基础上的全球治理问题的挑战。气候变化经济学试图研究这些复杂的经济现象，以期武装决策者和研究者，使其在利用政府资源、社会资源以及技术工具、信息交流中，可以全面应对这些挑战。从根本上看，气候变化经济学是一门具有技术经济色彩并且超越技术经济范畴的发展经济学分支(王铮，2014)。

中国在气候变化经济学领域取得重大成果，2018 年 5 月潘家华的专著《气候变化经济学》由中国社会科学出版社出版，全书分为上、下两册，110 多万字，其入选中国社会科学院 2018 年度创新工程重大科研成果。由于气候变化科学认知的不确定性和应对气候变化的国际政治经济属性，气候变化经济学研究需要建立系统完整、理论严谨、方法科学、解释力强、接受度高的理论体系、学科体系、方法体系和话语体系。20 世纪 80 年代起西方主流经济学尝试构建气候变化经济学理论和方法体系，但其利益导向的模型不能提供全球低碳转型的解决方案，难以很好解释中国经济社会转型发展的现实情况，也不能有力支撑全球生态文明发展范式变革的实践进程。中国《气候变化经济学》的作者长期致力于气候变化经济学基础理论、分析方法和政策实践的研究，形成了具有系统性的理论创新和实践意义的研究成果。

《气候变化经济学》系统梳理了国内外气候变化经济学的发展历程、理论范式和分析方法，涵盖理论、方法、治理、政策等内容。该成果的理论创新主要有 6 个方面：一是开创了碳权益经济学分析，碳权益包括生存权和发展权；二是拓展了碳公平的规范经济学分析，碳公平不是简单意义上的以国家为单元的国际公平，而是需要在国际气候制度中纳入人际碳公平；三是系统化了碳需求经济学，碳排放需求取决于经济社会状态；四是提出了发展导向的适应经济学，对于变化中的气候，需要开展具有针对性、组合型的技术性适应、工程性适应和制度性适应，同时在规划中明确发展型适应和增量型适应；五是提出了气候容量经济学，环境容量、生态容量、水容量是气候容量的衍生物，气候容量刚性下的生态移民是气候移民；六是提出了气候生产力经济学。此外，该成果在碳预算、碳转移排放核算、碳效率评价等方面进行了方法上的探索和创新，并且在国际气候制度构建、气候风险管控、低碳转型发展等方面提出了有价值的政策建议。

《气候变化经济学》从更宽视角研究气候资源和气候环境问题，为气候资源经济学科发展提供了样式、奠定了基础，特别是气候变化经济的外部性、公共物品和共享资源的经济学属性，为深入开展气候资源经济学科研究提供了重要借鉴。

(2)国外气象经济学研究简况

对具有现代意义的气象经济学研究，西方国家起步较早。1946年，美国第一家私人气象公司开始营业。1948年，美国为了明确和规范美国国家天气局(NWS)和私人气象公司之间的关系，由NWS、私人气象公司和美国气象学会共同召开会议，专门讨论美国公益与私人气象服务的关系，会议达成“6点计划”的原则，并明确私人气象服务是合法的产业。这次会议是美国公益和私人气象服务从政策上划分的起点。1977年，NWS设立了产业气象特别助理，专门负责处理NWS和私营气象部门的联系，由此美国私营气象公司迅速发展。1985年美国出版的《应用气象学手册》应用篇，涉及洪水、水资源管理、酸雨、农业、林业、空气污染物测量、人类健康、建筑、能源应用、风能、太阳能、航空、航海、陆运、天气敏感作业、人工影响天气等多方面的生产经济应用内容。1992年，美国国家海洋和大气管理局(NOAA)委托美国国家标准和技术研究所对NWS的现代化建设和机构调整进行了成本效益分析，提交了《国家天气局现代化和业务机构调整成本效益分析》报告，全面分析了NWS各种气象服务的成本核算和产生的效益，尤其是对NWS计划开展的现代化建设的可能效益进行了对比评估。

在日本，对气象经济研究起步也比较早，1961—1962年就出版了《应用气象大全》一书，包括工业、航空、交通、通信、建筑、土木、海上、大气污染与控制、气象调节等13个分册。1990年日本出版的《产业与气象的ABC》，除介绍电力、农业、航海、航空外，更将商业金融、家电、市场景气与气象、产业与异常气象等涉及气象与经济生产的内容包括其中(周曙光，2000)。

在德国，经济学家弗里德黑姆·施瓦茨在2005年出版德文版《气候经济学》，该书实际上讲的还是经济与天气气候会有什么关联，书中举例如夏天变得比较温暖，每10个德国人中就有一人会比上一年多买一件衬衫，如此一来，总共就额外多了800多万件；不过或许到了冬天，毛衣的销售量会减少。天气的每个转变虽然不会立即但在几年后会改变我们的天气经验。这些天气经验将再度对许多人的决策，进而对他们的消费行为产生影响。天气会引发一连串的连锁反应，最初的因果关系可能在这个过程中就丧失了。再回到夏天变温暖，可能有越来越多的家庭会像美国人一样买比较大的冰箱。这种冰箱并不适合放在规格化设备的厨房里。因此规格化设备厨房的制造商就必须重新设计来迎合消费者，满足他们已经改变的需求。

本书还以德国3800万个家庭为例，只要1%对更温暖的天气有如此反应，就表示有38万个家庭有所改变了，而且如果有人先买了一台比较大的冰箱，亲朋好友很快就会跟进。气候变迁不会像海啸一样向我们袭来，或许它已经向我们发出一些警讯，只是我们视之为早产儿黄疸症状特殊现象，而不是征兆。事实上，人类对自然的破坏也将使自然反扑而改变经济形态，不论这个力道大小，它正一点一滴地影响我们消费观念。

在英国，2006年10月，受英国政府的委托，由斯特恩主持的团队历经一年的调研时间，发布了一份长达700页的《斯特恩气候变化经济学评论》(简称《斯特恩评论》)，全面阐述了气候变化对社会、经济、环境等带来的影响，引起了各界人士的高度关注。《斯特恩评论》围绕气候变化问题，运用经济增长理论框架且采用成本—收益方法展开了详尽的经济学分析，系统剖析了气候变化与增长的关系、平衡减排成本与气候损害的政策决策、遏制气候变化的政策手段以及国际合作的开展等，得出了许多有益的结论。斯特恩根据自己的估算得出结论：在普通商业情境下，气候变化会对经济发展造成很严重的损失，主要是全球国内生产总值(GDP)比例可能下挫5%～10%。如果不及时采取措施，在今后的200年内，全球可能因气候变暖损失的成本占GDP的5%～20%，相当于两次世界大战和大萧条损失的总和。

对气象经济研究，也是世界气象组织(WMO)比较早关注的一个重要内容，1964年世界气象日的主题就是“气象——经济发展的一个因素”。1967年，欧洲经济委员会向WMO提供了一名高级经济学家，该经济学家就气象服务经济价值的评价进行了调查研究。当年 WMO 在一份报告中就指出，需要关注气象服务投入与产出之间的平衡问题。1987 年，WMO 在英国召开了有关气象信息应用研讨会，首次较为正式地确认了评估气象水文服务的经济—社会效益问题，时任英国气象局局长以《气象信息服务的经济效益》为题，以具体数字分析了包括航空、农业、公路交通、沿海产业部门等利用气象信息取得的效益，进而对气象服务的效益和成本比例进行了分析。1990 年 3 月，WMO 在日内瓦召开了气象和水文服务的经济和社会效益专题技术研讨会，在这次会议上，来自中国的代表在会议报告中指出，根据对中国部分省市不完全的统计研究，中国气象服务的效益与成本比例高达 40∶1。1994 年 9 月，WMO 在日内瓦召开的第二次气象水文服务经济效益会议，中国气象局首次提出气象服务的生态效益问题，即新世纪归结为气象服务三大效益之一的环境效益。经过几十年的努力，国际对气象经济问题研究一直在向前发展，领域也在不断拓宽，气象经济学作为应用经济学门类正在向前推进。

气候变化经济学研究也在不断推进。从 20 世纪 90 年代起，经济学界就开始对是否要采取经济手段来减缓气候恶化、全球变暖展开了一系列讨论，气候变化经济学成为一些专家、学者的研究对象。他们通过建立不同的经济模型比较减排成本和不采取减排措施气候变化对经济造成的损害，从而提出不同的政策结论和主张，形成了一些有代表性的观点。哈佛大学经济学教授马丁·魏茨曼认为，气候变化经济学主要指用经济学视角和方法研究气候变化的特征，寻求控制全球变暖的解决之道。具体来说，就是用经济学方法分析适应和控制全球变暖所需的成本及评估采取应对措施带来的收益。

从国外气候经济学科研究来看，气象服务经济学、气候经济学、气候变化经济学等研究并没有严格分开，但比较一致的则体现在用经济学理论和方法研究天气气候引起的经济问题。因此，对中国开展气候资源经济学研究具有重要的参考价值。

(3)气候资源经济学的兴起

气候资源研究与经济、社会发展密不可分，人们一直在通过开发利用气候资源推动经济社会的进步，随着现代科学技术的发展，越来越多的气候资源要素和气候条件具有了资源价值，相应地，气象经济学科研究在不断深入，因此推动了气候资源学的研究发展，其特定的学科内容日益形成。

在气候资源学、气象服务经济学和气候变化经济学的基础上，一些专家、学者逐步关注气候资源经济学科研究，其中气候资源学是气候资源经济学的科学基础，气象服务经济学和气候变化经济学为气候资源经济学研究提供了可以借鉴的理论方法。气候资源经济学应是自然资源经济学的重要组成部分。

从目前收集文献看，中国资源经济学研究起步较晚，20 世纪 80 年代以前，对资源经济问题的研究一般仅局限于自然资源综合考察、区划和地理研究。1981 年，苏联科学院院士哈恰图罗夫谈合理利用自然资源经济学的任务中，就提出了“正在研究利用太阳能发电的办法，也正在研究利用风能和潮汐能的有效办法”(常庆，1982)。1984 年，中国农业科学院牛若峰研究员以美国《自然资源经济学》(1979 年)和苏联《自然资源利用经济学》(1982 年)为基础编写了《资源经济学和农业自然利用的经济生态问题》。根据谷树忠(1988)的《自然经济学》按自然形态对自然资源进行一般分类，即有土地及土壤资源、水与海洋及冰川资源、生物及农业资源、气候资源、矿产资源、景观及旅游资源。显然，气候资源成为自然经济学研究对象之一，其实，在按自然形态分类的自然资源中，土壤资源、水与海洋及冰川资源、生物及农业资源、气候资源、景观及旅游资源均与气候资源高度相关。正因为如此，在这些分类的资源经济学研究中均有涉及气候资源经济研究的内容。也因如此，中国气候资源经济科学研究一直散见于各相关自然资源经济学研究成果之中。

作为气候资源主要因子的水资源经济、太阳能资源经济和风能资源经济早有研究。其中水资源经济学经历了萌芽阶段(20世纪30—70年代)、诞生阶段(20世纪80年代至21世纪初期)和深化阶段(21世纪初期以后)(沈满洪，2008)。在中国先后出版了王春元等的《水资源经济学及其应用》(1999年)、贾绍凤等的《水资源经济学》(2006年)、严密等的《水资源经济学》(2008年)。显然，水资源经济学科基本建立。自然降水是水资源的主要来源，无论是本地自然降水还是流域客水，均来于自然降水，因此水资源经济学在一定意义上也是对气候水资源经济的研究。

太阳能发电研究起步较早，国际上20世纪50年代开始研究光电转换应用，1954年美国贝尔实验室研制成功了世界上第一个实用的太阳能电池，效率仅为4%(杨金焕 等，2001)。中国于1958年开始研究太阳能电池，20世纪80年代以后得到迅速发展，由于技术进步，太阳能利用效率大幅度提升。到2022年12月，中国累计太阳能发电装机容量约3.9亿千瓦，光伏发电量为4276亿千瓦时，约占全国全年总发电量的4.9%，2023年太阳能发电装机规模4.9亿千瓦。因此，涉及太阳能利用的经济研究一直在不断深入，诸如太阳能利用成本分析、经济效益分析等，为太阳能气候资源经济研究提供了重要支撑。

风是最重要的气候资源要素之一，风电是绿色能源，具有非常大的开发前景。全球第一个风电站始建于19世纪末期，丹麦是世界上第一个利用风能发电的国家，1890年丹麦制造了第一台风力发电机。20世纪30年代，丹麦、瑞典、苏联和美国应用航空工业的旋翼技术，成功地研制了一些小型风力发电装置。这种小型风力发电机在多风的海岛和偏僻的乡村被广泛使用，它所获得的电力成本比小型内燃机的发电成本低得多。20世纪80年代以后，全球风能发电才真正获得重大发展，到1992年全球风力发电量第一次突破40千瓦时(芮晓明 等，1997)。1986年，中国第一座风电场——马兰风电场在山东荣成并网发电，安装了3台20世纪80年代技术最为成熟的丹麦维斯塔斯公司的V15—55/11 kW型风电机组，成为中国风电史上的里程碑，揭开了中国风电发展的大幕。到2022年12月，中国累计风电装机容量达到36544万千瓦(6867.2亿千瓦时)，约占全国全年总发电量的7.87%。风电经济研究也成为新型能源经济的重要领域，其研究成果为风能气候资源经济研究提供了重要基础。

到2023年，中国风电和光伏产品已经出口到全球200多个国家和地区，累计出口额分别超过334亿美元和2453亿美元。国际可再生能源署报告指出，2012—2022年，全球风电和光伏发电项目平均度电成本分别累计下降超过了60%和80%，这其中很大一部分归功于中国创新、中国制造、中国工程。风能和太阳能经济发展进一步推动了气候资源经济学研究。

从气候资源经济研究进展分析，对气候资源经济科学研究已经取得较多成果，经济学理论和方法在气候资源经济研究中得到广泛运用。但从实际情况分析，建立气候资源经济学科还处在初创和探索阶段，建立和形成完整的气候资源经济学还有待更多和更深入的研究成果，本书以气候资源经济学导论为名也是为推进这门学科建设打开一个门户，以期更多专家、学者倾力于气候资源经济学科建设。

1.4　气候资源经济学的研究对象

气候资源经济学作为一门学科有其特定的研究对象，气候资源经济学以经济学基本理论和方法为指导，具体研究在社会物质生产和再生产活动中围绕气候资源、气候环境、气象条件和气候变化而开展的经济活动，以及这些经济活动所揭示的一般性规律和理论。

广义上气候资源包括气候资源要素、气候环境和气象条件，人们所有的经济社会活动与气候资源、气候环境和气象条件利用密切相关，气候系统与经济社会系统存在着非常复杂的广泛联系，系统之间时刻进行着物质、能量和信息的双方流通与相互作用。人们在经济再生产过程中，气候资源参与人们生产活动的劳动过程，从而变成了人们需要的产品，以满足人类生存和社会生产发展的需要，但另一方面又可能在生产和生活消费过程中产生一些不利于气候资源再生产的“废物”，或者不经济的活动，包括对管理这些现象的经济政策，这些都是气候资源经济学需要研究的对象。根据气候资源经济学的主要内涵定义和研究对象，从学科建设的角度来看，气候资源经济学的研究内容主要包括以下方面。

(1)气候资源经济理论基础

气候资源经济是气候资源经济学需要重点研究的领域之一，也是资源经济学需要重点研究的领域。因为人类绝大多数经济活动不仅与气候资源有关，而且气候资源是许多经济活动基础且直接的物质性资源。气候资源学理论和经济学理论是研究气候资源经济学的理论基础。因此，作为气候资源经济学基本问题研究，应对其基本理论进行一些简要分析。研究气候资源经济涉及许多经济理论问题，一方面经济理论为气候资源经济研究提供指引；另一方面气候资源经济研究深化了许多经济理论在本领域的实践与应用。气候资源经济学涉及的基本理论内容非常丰富，如何应用经济学基本理论分析和研究气候资源经济就是一个需要研究的问题，也是构成气候资源经济理论的重要内容。

(2)气候资源经济类型与特征

气候资源学为气候资源经济分类提供了科学基础，但涉及气候资源经济类型与特征则应根据现代资源经济理论和经济利用要求，开展更加深入的研究。气候资源是一个已经被国内外广泛接受的概念，既然是资源，就不仅是从气候科学的视角研究气候资源的总量、分布和区划，更应从经济学的视角研究气候资源的经济属性、类型、特征和经济价值，以及气候资源的配置、开发和利用等经济学问题。从气候科学的视角研究气候资源的成果较为丰富，为气候资源开发利用提供了科学基础，但从经济学视角的研究成果较少，或者被淹没在自然资源经济学、水资源经济学和应用气象学等学科之中，没有系统纳入气候资源经济学研究的范围。因此，在气候资源经济学中可以相对独立地研究气候资源经济类型与特征。但揭示气候资源与经济的关系，应当从气候资源所具有的社会经济属性入手，一方面需要回答气候资源如何具有经济意义，即对社会经济增长的积极和消极意义；另一方面应当说明气候资源具有经济价值的实现形式，即气候资源转化为经济社会财富的形式或对经济发展造成的影响，以此揭示气候资源的社会经济意义。从经济学的意义分析气候资源，气候资源具有其独特的经济属性。因此，认识气候资源经济利用分类与特征，这是按照一定标准、特性或功能对其进行种类、等级或性质分别归类。气候资源经济利用分类，是开展气候资源经济学科研究的重要切入点，也是研究和认识气候资源经济特征的重要途径。

(3)气候资源经济核算方法与价值实现

这是气候资源经济受学术界和实践者最关注的问题。气候资源经济价值核算，不仅能为气候资源保护提供有力支撑，而且能为气候资源开发利用提供科学依据。人们的生产生活活动几乎不可避免地与气候资源相联系，对气候资源进行经济价值核算有助于在生产生活和气候资源保护与开发利用之间进行取舍。党的十八届三中全会提出，要大力推进生态文明建设，建立“资源有偿使用制度和生态补偿制度”。党的二十届三中全会进一步强调:“推进生态综合补偿，健全横向生态保护补偿机制，统筹推进生态环境损害赔偿。”因此，正确认识气候资源经济的价值，总结和归纳气候资源经济价值的核算方法和研究现状，有利于客观、全面认识气候资源和经济的关系，以有效保护和高效可持续地利用气候资源。气候资源具有广阔的价值和价值增值空间，其价值实现涉及气候资源保护和开发利用，气候资源产品生产、经营、服务、消费、监管以及各类配套服务涉及各类主体的利益关系和利益诉求，需要在各个环节建立相应机制，才能持续有效地实现气候资源经济价值。

(4)气候资源经济利用现状分析

气候资源被传统农业经济和传统技术机械利用，从总体上并不会造成气候资源的紧张和破坏。因此，在人类千百年的经济活动中并不存在气候资源短缺问题，当时的气候只是一个环境和条件问题。但进入工业时代以来，特别是随着科学技术的高速发展，现代生产和现代技术的介入，气候资源已经成为最重要的绿色经济能源资源，利用气候资源的风电、太阳能电、水电的开发快速发展，充分利用气候资源的现代设施农业完全改变了农业经济生产方式，现代气候资源经济已经展现出无限的发展前景。因此，让人们了解和把握气候资源经济利用现状成为研究的重要内容之一。

(5)气候资源对中国经济行业效益贡献率评估

广义的气候资源关系到每个经济行业部门，尤其在发展绿色经济的背景下，人们更关注气候资源开发利用和保护经济价值。因此，如何科学合理地评估气候资源对中国经济增长产出的贡献率，不仅成为学术界专家的重要研究课题，更成为许多决策者和实践者高度关注而且倾力支持的问题。气候资源对经济产出贡献问题的提出，是因为天气气候通过影响一个行业的产品和服务的供应及需求来影响经济，本书把这种影响称为气候资源贡献。通常，天气气候对经济活动的影响主要集中在供应方面，但对某些行业由于天气气候原因也会特别影响市场需求，在许多生产领域都可能出现天气气候条件和气候资源状况影响经济效益的情况，对此进行科学评估则是许多实际工作者关心的问题。

(6)气候资源经济政策分析

气候资源是人类经济活动最基础最直接的物质性资源。气候资源在一定的技术和经济条件下为人类提供基础性物质和能量，并作为特殊的生产资料直接进入生产和生活。当前，发展气候资源经济，对于推进生态文明建设、保障经济社会高质量发展具有重要意义。党的十八大以来，中央强调促进人与自然和谐共生，并提出一系列支持性政策。发展气候资源经济是我国可持续发展战略和高质量发展的重要选项之一，需要综合运用社会、经济、技术、法律、法规等各种手段，制定符合当代经济社会高质量发展的相应政策，促进气候资源为经济社会高质量发展赋能。气候资源经济的综合管理，包括气候资源开发利用保护管理、气候环境管理、气候服务经济管理、气候资源法治等，是关系到气候资源能否得到合理利用与保护、气候环境能否得到有效整治与保护、气象灾害能否得到有效防御，以及气象经济持续发展的重要保障。因此，本书从政策视角对气候资源经济进行了综合分析，也是对气候与经济生产关系的研究。

除此之外，气候资源经济还涉及气候生态环境经济、气候变化经济问题研究。其实气候环境经济问题既是环境经济学的研究对象，也是气象经济学的研究对象。气候环境是人类所从事经济活动的本底条件，气候环境的好与坏、优与劣直接影响人们从事经济活动的效率和效益。但是，在现代工业经济时代，保持气候环境的好与优，已经不再是一个简单的自然问题，而是一个经济发展问题。气候环境既是一个当代人从事经济社会活动的公共空间，存在社会个别经济生产对公共空间的无限占用，又是一个代际公平利用公共空间的经济问题，即当代人破坏气候环境将影响下一代人对气候环境的持续利用。随着自然环境经济学研究的发展，气候环境经济研究也被纳入经济学研究范畴。气候变化经济学是21世纪以来兴起的一门新兴学科，也应是气象经济学的主要研究对象。气候变化经济学与气候环境经济之间有着非常密切的联系，但从经济社会对气候变化的适应、减缓和控制等方面分析，因涉及很多应对气候变化国际治理、国际谈判问题，又超出了气候环境经济的研究范围。因此，气候变化经济可单独纳入气象经济学研究范畴，不仅有利于今后气候变化经济学的深入研究与发展，更有利于气象经济学的学科建设。对上述气候资源经济问题在本书中也有相应分析研究。

参考文献

蔡运龙，2000. 自然资源学原理[M]. 北京：科学出版社.

曹凑贵，2006. 生态学概论[M]. 北京：高等教育出版社.

常庆，1982. 苏联科学院院士哈恰图罗夫谈合理利用自然资源经济学的任务[J]. 经济学动态(5):44-46.

陈诗一,林伯强,2019.中国能源环境与气候变化经济学研究现状及展望——首届中国能源环境与气候变化经济学者论坛综述[J].经济研究,54:203-208.

辞海编辑委员会,1980.辞海[M].上海:上海辞书出版社.

党秀敏,2014.作物产量形成过程的相关因素[J].养殖技术顾问(6):105.

邓先瑞,1995.气候资源概论[M].武汉:华中师范大学出版社.

丁一汇,任阵海,徐国弟,等,2004.中国气象事业发展战略研究:气象与可持续发展卷[M].北京:气象出版社.

高冠民,谢庭生,朱发庆,1992.国土学概论[M].北京:中国环境科学出版社.

谷树忠,1988.自然资源经济学[J].外国经济与管理(9):31-34.

黄秋菊,高学浩,姜海如,2017.气象经济学学科建设与发展基础问题研究[J].西部论坛(3):1-7.

黄文秀,2001.农业自然资源[M].北京:科学出版社.

黄宗捷,1988.《气象经济学》论纲[J].成都气象学院学报(增刊1):11-17.

金少英,李庆善,1986.汉书食货志集释[M].北京:中华书局.

陆家骝,林晓洁,2000.经济资源的重新定义与现代经济增长[J].华南金融研究(1):3-8.

吕不韦,2006.吕氏春秋[M].长沙:岳麓书社.

马克思,恩格斯,1972a.马克思恩格斯选集:第3卷[M].北京:人民出版社.

马克思,恩格斯,1972b.马克思恩格斯全集:第二十四卷[M].北京:人民出版社.

宁可,1980.有关汉代农业生产的几个数字[J].北京师院学报(社会科学版)(3):76-89.

牛力达,1984.我国最早的气象经济学著作《吕氏春秋·审时篇》[J].福建论坛(经济社会版)(2):42.

芮晓明,梁双印,许宝成,1997.世界风力发电状况及对我国发展风电技术的思考

[J]. 现代电力(4):102-106.

沈满洪,2008. 水资源经济学[M]. 北京:中国环境科学出版社.

石声汉,1956. 氾胜之书今释[M]. 北京:科学出版社.

涂长望,2000. 涂长望文集[M]. 北京:气象出版社.

王铮,2014. 什么叫气候变化经济学[OL]. (2014-12-14)[2024-09-20]. https://blog.sciencenet.cn/blog-2211-850912.html.

温克刚,阮水根,周天军,1999. 气象与可持续发展[M]. 北京:中国科学技术出版社.

徐光启,2002. 农政全书[M]. 长沙:岳麓书社.

荀况,1990. 荀子全译[M]. 贵阳:贵州人民出版社.

杨伯峻,1984. 孟子注释[M]. 北京:中华书局.

杨冬霞,2000. 试论经济资源的有限性与无限性[J]. 贵州财经学院学报(5):44-46.

杨金焕,陈中华,2001. 21 世纪太阳能发电的展望[J]. 上海电力学院学报,17(4):23-28.

杨惜春,2007. 气候资源的法律概念及其属性探讨[J]. 气象与环境学报,23(1):6.

余也非,1980. 中国历代粮食平均亩产量考略[J]. 重庆师范学院学报(哲学社会科学版)(3):8-20.

中国自然资源丛书编撰委员会,1995. 中国自然资源丛书:气候卷[M]. 北京:中国环境科学出版社.

钟水映,简新华,2005. 人口、资源与环境经济学[M]. 北京:科学出版社.

周曙光,2000. 气象服务商业化的由来与发展(二)[J]. 江西气象科技,23(2):6-10.

邹竞蒙,1997. 中国发展全书:气象卷[M]. 北京:红旗出版社.

第 2 章　气候资源经济学理论基础

气候资源经济学是一门应用性经济学，运用经济学一些基本理论分析气候资源经济现象、研究气候资源经济规律是气候资源经济学科建设的一项重要任务。因此，开展气候资源经济学基本问题研究，有必要对其基本理论进行一些简要分析。研究气候资源经济涉及许多经济理论问题，一方面经济理论为气候资源经济研究提供指引；另一方面气候资源经济研究深化了许多经济理论在实践中的应用。

2.1　劳动价值理论

根据传统的劳动价值理论，价值是体现在商品中的社会必要劳动，即指凝结在商品中的无差别的人类劳动。价值量的大小取决于生产这一商品所需要社会必要劳动时间。不经过人类劳动加工的东西，如包括气候资源在内的各种自然资源，即使对人类有使用价值，也不具有价值。

根据劳动价值理论理解，现代社会人们生产生活活动所面临的气候资源和气候环境，已经不再是纯天然的自然属性。人们要追求天更蓝、山更绿、水更清、气更净、境更优、灾更少的生产生活气候资源环境，这种资源已经非常稀缺。当今社会，人类为了保持自然资源消耗与经济发展需求增长相均衡，投入了大量的人力、物力，气候环境资源已不是纯天然的自然资源，它有人类劳动的参与，打上了人类劳动的烙印，因而具有价值。气候环境资源仅仅依靠自然界的自然再生产已远不能满足经济社会高速发展的需求，人们必须付出一定的劳动，参与自然资源的再生产和进行生态环境的保护。气候资源和气候环境的保护、更新、勘探、科研等活动耗费了大量的人类劳动，这些人类劳动凝结在这类自然资源之中，构成了气候资源和气候环境的价值，人们为使经济社会发展与气候自然资源再生产和生态环境保持平衡及良性循环而付出的社会必要劳动就构成了气候资源和气候环境的价值。

马克思在《资本论》中指出："一个物品可以是使用价值而不是价值，在这个物品并不是由于劳动而对人有用的情况下就是这样，如空气、处女地、天然草地、野生林等。"（马克思和恩格斯，1972a）过去，由于对这种论述的不完全理解，人们对气候资源等自然资源没有形成经济价值的意识，基本为无偿利用。长此以来，对气候资源的过度开发利用造成了气候恶化、环境污染、生态破坏等严重后果。20 世纪 70—80 年代，国际社会开始真正审视气候资源综合价值，于是涉及正确运用劳动价值理论来认识气候资源价值问题，关键在于以下三点。

（1）气候资源是否凝结着人类的社会劳动

随着经济社会的快速发展，当今世界已不是自然经济时代的模样，人类对包括气候资源在内的自然资源进行选择、改造与保护，投入了大量的人力、物力和财力。适合于人类经济生产活动的气候资源已不再是单纯天然的自然资源，其中凝聚了大量的人类劳动，如农田改造小气候资源利用、城乡建设气候适应规划、气候环境恶化控制、气候资源监测、气候资源开发利用规划等。因此，按照劳动价值理论，当今的气候资源中已经有人类劳动的参与，并且具有了相应的劳动价值。

(2)以马克思主义关于创造社会财富的理论来认识气候资源的经济价值

恩格斯在《劳动在从猿到人转变过程中的作用》一文中指出："政治经济学家说：劳动是一切财富的源泉。其实劳动和自然界一起才是一切财富的源泉，自然界为劳动提供材料，劳动把材料变为财富。"(马克思和恩格斯，1972b)这里，恩格斯明确地表达了形成财富的劳动力价值因素和自然资源价值因素，当然包括气候资源价值。以农业产品生产为例，农业产品需要消耗或花费大量的人类劳动，但也不可低估自然力的作用。气候资源与土地共同构成农业生产活动的基础，缺一不可。如风调雨顺、自然水、光、热、气配置适宜，农业生产就能出现大范围的增产增收，农业经济正是利用了气候资源，才可以获得超出劳动量以外的经济效果，这部分的价值既是大自然的恩赐，也是人类开发利用气候资源的结果。由于气候资源自然力和人类改造力的共同作用，可以说，人的劳动力价值只占农业生产所创造的全部价值的一部分。正如马克思所指出的："生产时间和劳动时间的差别，在农业上特别显著。在我们温带气候条件下，土地每年长一次谷物。生产期间（冬季作物平均 9 个月）的缩短或延长，还要看年景好坏变化而定，因此不像真正的工业那样，可以预先准确地确定和控制。”（马克思和恩格斯，1972a）种植农业经济并不是由农民简单的劳动时间来决定收成产量和质量的，除劳动时间外，还取决于水、温、光、气等自然气候容量的时间和空间配置，达到最佳配置就比正常年景的产量高、质量优，从而达到提高农业经济效益的目的。如果气候资源要素配置不佳，就可能减产，甚至颗粒无收，完全没有劳动成果。种植农业必须遵循自然气候资源规律，中国古代农业经济一直领先于西方，就是因为古代劳动人民在农业生产实践中认识、掌握、应用了自然气候资源的一般规律。

（3）恩格斯对滥用自然资源的尖锐批评为认识气候资源综合价值提供了依据

恩格斯在《自然辩证法》中说：“我们不要过分陶醉于我们对自然界的胜利。对于每一次这样的胜利，自然界都报复了我们。每一次胜利，在第一步都确实取得了我们预期的结果，但是在第二步和第三步却有了完全不同的、出乎预料的影响，常常把第一个结果又取消了。美索不达米亚、希腊、小亚细亚以及其他各地的居民，为了想得到耕地，把森林都砍完了，但是他们梦想不到，这些地方今天竟因此成为荒芜不毛之地，因为他们使这些地方失去了森林，也失去了水分积聚和贮存的中心。阿尔卑斯山的意大利人，在山南坡砍光了松树，而在北坡却十分细心地加以培养，他们没有预料到，这样一来，他们把他们区域里的高山牧畜业的基础给摧毁了；他们更没有预料到，他们这样做，竟使山泉在一年中的大部分时间内枯竭了，而在雨季又使更加凶猛的洪水倾泻到平原上。”(马克思和恩格斯,1972b)在这里,恩格斯不仅说明了包括气候资源在内的自然资源经济价值,更包括了气候资源生态价值、代际利用价值,而且还说明了自然资源是人类存在的基础、发展的条件。

总之,经济社会发展到现阶段,人类仅仅依靠自然界的再生产已经远不能满足经济社会高速发展的需求,人们必须付出一定的劳动,参与气候容量的再生产,保护气候容量。气候容量的保护、更新、勘探、科研等活动耗费了大量的人类劳动,这些人类劳动凝结在气候容量之中,构成了气候容量的价值。气候容量的价值就是人们为使经济社会发展与自然资源再生产、生态气候容量保持平衡,实现良性循环而付出的社会必要劳动。

2.2 效用价值理论

效用价值理论是人们探讨价值问题的主要理论之一。所谓效用,就是指物品或劳务具有某种满足人们主观欲望的能力。但是,效用的大小是依据人们的主观评价而变化的,只有边际效用才能决定物品的价值。效用价值理论的基本内容认为:价值是以稀缺和效用为条件的;价值取决于边际效用量。

效用价值理论为气候资源经济价值的存在提供了理论依据。气候资源是满足人类生产生活最基础的资源,其效用是客观存在的,也肯定存在着价值。人类栖息的地球生机勃勃,拥有适合生命生存繁衍的基本资源条件,即分布广泛的气候资源:充足的阳光、温和的环境、丰沛的水分、清新的空气等。人类从自然界物质的运动变化中选择对自己有用的部分作为资源加以利用。因此,对于一切人类和生物而言,气候资源的效用是一种客观存在。

同时,气候资源已经成为一种相对稀缺的经济资源。过去人们认为,空气不存在稀缺的问题。但是现在并非如此,清洁的空气对一些人来说可能已经成为奢侈品,为了获得这样的自然价值,成千上万的企业必须停产。气候环境的经济意义在于,它能吸收、容纳、降解生产和消费过程中排放的废弃物和污染物;它向人类社会提供自然服务,为人类提供舒适健康的自然生活环境,在经济生产与气候环境之间实现物质和能量的直接交换。气候环境资源稀缺程度的急剧上升主要表现为:一方面,人类从自然界获取的可再生资源远远超过其再生能力,人类消耗自然资源的速度高于人类发现和利用替代资源的速度,导致可再生资源的稀缺程度急剧上升;另一方面,人类排放的废弃物,特别是有毒有害物质迅速增加,超过了气候环境的自然净化能力,干扰了自然界的正常循环,导致气候资源的稀缺程度急剧上升。因此,从效用意义上讲,气候资源的价值是不能被否认的价值。

(1)从气候资源稀缺性分析

人类在地球上不是孤独的,人类的生产生活必定会与特定的气候资源和气候环境资源发生直接或间接的联系。资源有限性与人类需要的无限性矛盾,是人类社会最基本的矛盾。根据稀缺理论,气候资源、气候环境资源等,在现代经济社会条件下已经成为一种相对稀缺的经济资源。

对气候资源和气候环境资源的稀缺性可能许多人持有不同观

点，有的认为根本不存在稀缺，有的认为稀缺性不太突出，有的认为稀缺性越来越突出。因此，对气候资源和气候环境资源的稀缺性研究，应是气候资源经济学研究的重点之一。只有说明气候资源和气候环境资源的稀缺性，才有气候资源经济和气候环境经济存在的价值和意义。

气候资源、气候环境资源是否有价值是气候资源经济学最核心的问题之一。在中国，气候资源和气候环境资源属国家所有或社会共有，根据传统的经济学理论，气候资源和气候环境资源不存在稀缺性，是没有价值的。至今仍然有一些人持有这种观点，认为风、空气、太阳光、自然水，都是大自然赋予人类享受的免费气候资源，它们没有国界、不分地域，更不计“身份”。也有法律界人士认为，《中华人民共和国宪法》里所规定的矿藏、水流、森林、山岭、草原、荒地、滩涂等自然资源，都属于国家所有，即全民所有；法律规定的属于集体所有的森林和山岭、草原、荒地、滩涂除外，对这些自然属性划分是指易被破坏的不可再生资源，而在人们所理解的风能、太阳能、空气等，这些不太能被破坏的可再生资源的权属与它们是有区别的，《中华人民共和国宪法》中也没有明确界定，属于模糊地带，目前争议较大，即在法律上也没有确定气候资源和气候环境经济价值属性。

对气候资源、气候环境资源的价值认识不应只是一个理论问题，其稀缺性从根本上是一个发展问题。在自然经济发展时代，气候资源、气候环境资源确实有效用而不存在明显的稀缺性，即使存在一定的稀缺，但人类对其改变的能力是十分有限的，或者只能顺其自然。但自工业革命以来，尤其是近100年来，气候资源和气候环境资源稀缺性日益突出，而人类开始认识到这种稀缺性只有近30年的时间，现在天不再蓝、山不再绿、水不再清、气不再净，环境堪忧，才迫使人们重新认识气候资源和气候环境资源的价值，所以过去对气候资源和气候环境资源的价值与权属存在各种各样的争论并不难理解。还有运用现代科技大量开发水力资源、太阳能资源、风能资源和设施工程，占用气候资源，并造成了与传统方式利用气候资源的矛盾和冲突，更造成了气候资源紧缺。

传统经济学中财富的概念仅指历史上积累下来的全部生产资料和消费资料的总和，或者说国民财富仅指固定资产和流动资金之和，而将水、土地、森林、矿产、气候资源等自然资产排除在国民财富之外。这种过分强调人造资本，而忽视自然资本，割裂环境资源财富和劳动产品之间密切联系的观念是很不合理的。从经济财富意义上讲，其实马克思早就指出："劳动并不是它所产生的使用价值即物质财富的唯一源泉。"他针对一些政治经济学家说"劳动是一切财富的源泉"时，明确地说"其实劳动和自然界一起才是一切财富的源泉，自然界为劳动提供材料，劳动把材料变为财富"。威廉·配第指出："劳动是财富之父，土地是财富之母。"气候资源既是一种自然条件，也是为人类劳动提供了一种特殊材料，它既是构成人类从事劳动的重要环境，也是构成人类劳动创造经济财富的重要资源要素。现代国际社会已普遍认为，国民财富还应该包括自然资源资产或自然环境资产（自然资本）。如果不能将气候资源、气候环境资源价值货币化并加以计量，就无法将气候资源资产与人造资本相加，从而也就无法求得国家或社会的财富总量，而且难于通过政策和市场手段对作为自然财富的环境资源进行高效配置和合理利用。

气候资源和气候环境资源的稀缺，已经逐步形成社会共识，稀有性的经济理论也适用于气候资源和气候环境资源。根据稀缺理论，当储量与使用量相比，在没有新的资源可增加的情况下，使用量愈大，这种资源的稀有性就愈大；反之，使用量愈小，稀有性也就愈小。因此，这种稀有性一般常用气候资源年总量与其开发量或使用量的安全比率来表示。这种比例关系的公式是：

$$R_{\text{R}} = (R_0 - R_{\text{循}})/R_1$$

式中，R_{R}表示年气候资源使用率，R_0表示年气候资源自然总量，$R_{\text{循}}$表示年气候资源自然安全最低循环量，R_1表示年气候资源使用量。

上式表明，$R_0/R_1=1$时，就会严重影响气候资源自然安全最低循环量，自然生态就会被破坏，这就是资源稀缺或严重稀缺；当$R_{\text{循}}+R_1=R_0$，属于气候资源最大使用量，基本能保证气候资源自然安全最低循环量，但年气候资源使用率已经达到最大化；当$(R_{\text{循}}+R_1)<R_0$，说明气候资源还有一定的开发利用空间。

上式如以应用自然降水为例，一个流域的降水资源总体上具有相对稳定性，这是R_0，属于流域降水总量，也可以是多年平均值；一部分水需要用于河道自然下流，以维持河道的生态用水，这就是$R_{\text{循}}$，属于自然安全最低水循环量，当然还有自然蒸发；一部分水则用于沿河流域生产生活用水，这就是R_1，属于经济活动使用水。如果用稀缺理论解释，在生产生活用水很少时，即$(R_{\text{循}}+R_1)<R_0$，不仅对河流自然水循环没有影响，也不会影响沿河流域的人们正常生产生活活动。但随着经济社会和科学技术的发展，沿河流域生产生活用

水不仅大量增加，使用水加快逼近 $R_0/R_1=1$，造成河流没有循环水而河道断流，而且水质也被破坏，使自然总量使用减少，自然降水就成为稀缺资源。因此，降水经济就成为经济学需要研究的问题。又如大气污染造成地面的太阳光照时数减少和太阳光辐射量减少，从而影响地面农作物光合效果而造成减产和品质降低。

根据传统经济学的假设前提：气候环境资源是外生的、可以无限供给的，不存在稀缺性，可以不进入经济系统分析过程，不进入生产函数和消费函数。然而，由于现代技术参与，气候资源和气候环境资源稀缺性的出现及稀缺程度的迅速提高，证明了传统经济学假设前提已经不能成立。气候环境资源也是一种稀缺性资源，如空气确实不存在稀缺问题，但由于大气污染物的不断增加，就造成了清洁空气和高负氧离子空气稀缺，这种稀有性可考虑用气候环境容量与其经济发展排放量或使用量的比率来表示。这种比例关系的公式是：

$$E_R=(E_0-E_{安})/E_1$$

式中，E_R表示年气候环境资源使用量率，E_0表示年气候环境资源总容量，$E_{安}$表示年气候环境资源安全量，E_1表示年气候环境资源使用量。

以大气自净力为例，按照传统自然经济生产，大气自净力可以说具有无限性，是用之不尽的自然资源，当 $E_0>E_{安}+E_1$，大气自净力不存在稀缺性。但是，随着现代工业发展，大气污染物大量排放，E_1无限扩大，开始压缩 $E_{安}$，甚至出现 $E_1>E_0$，$E_{安}<0$，空气污染使人类和生物生态均受到大气安全的严重威胁，这样一个地区的大气自净力就成为稀缺资源，而这种稀缺资源又是公共资源。因此，人们对气

候环境资源的认识不可能固守传统的自然经济生产观念，随着时代的发展，其资源的稀缺性逐步显现。

从全世界范围来说，气候资源和气候环境资源的稀有性总是在不断地增加中，这是由于：①气候资源和气候环境资源总是有限的，特别从一个地区来看的确如此。②社会对气候资源和气候环境资源的需要会因社会进步和人口增长而逐年增加。③科学技术发展，人们对气候资源和气候环境资源的利用技术不断进步，越来越多的气候资源和气候环境资源被转化为社会财富。

(2)从气候资源外部性分析

气候资源的外部性特征非常明显。外部性的定义有许多种，庇古在其所著的《福利经济学》中指出："经济外部性的存在，是因为当 A 对 B 提供劳务时，往往使其他人获得利益或受到损害，可是 A 并未从受益人那里取得报酬，也不必向受损者支付任何补偿。"

简单地说，外部性就是实际经济活动中，生产者或消费者的活动对其他消费者和生产者产生的超越活动主体范围的影响。它是一种成本或效益的外溢现象。

经济外部性还可以用数学语言表示：

$$设\ U_j = U_j(X_{1j}, X_{2j}, \cdots, X_{nj}, X_{mk}) \quad (j \neq k)$$

式中，X_{ij}（$i=1,2,\cdots,n$）是经济行为人 j 的各项经济活动水平，X_{mk} 是经济行为人 k 的一项经济活动水平，U_j 是 j 的效用或福利水平。当 X_{mk} 存在时，说明 j 的效用或福利水平除受他自己的活动 X_{ij} 的影响外，还受他所不能控制的 X_{mk} 的影响，此时，可以称经济行为人 k 对有经济行为人 j 施加了经济外部性。

在现实生活中，经济外部性现象十分普遍。这一理论在气候资源、气候环境和气候防灾减灾领域都具有很强的适用性。诸如一个企业要从事生产，就会不同程度地向气候环境中排放有害“废弃物”或有益物。排放有害“废弃物”：并不需要增加生产者成本，因它危害的是大气，并没有影响特定的对象；排放有益物：如造林企业通过造林有利于局部气候资源和气候环境改善，但并不从改善的气候资源和气候环境中获益，同样其获益的对象具有不特定性，获益度也有不可测量性。根据经济外部性理论，如果按照市场法则，气候资源和气候环境资源只会越来越恶劣，因为利用者或破坏者并不承担任何成本，而贡献者并不能从中获益。用外部性理论来解释，现在为什么雾/霾越来越严重，气候环境越来越恶劣，从经济学视角基本可以得到说明。要改变这种情况，外部性经济提出的对策，即政府应采取的经济政策是：对边际私人成本小于边际社会成本的部门实施征税，即存在外部不经济效应时，向企业征税；对边际私人收益小于边际社会收益的部门实行奖励和津贴，即存在外部经济效应时，给企业以补贴。庇古认为，通过这种征税和补贴，就可以实现外部效应的内部化。这种政策建议后来被称为“庇古税”。这一理论如何应用于气候资源和气候环境资源分析中则是气候资源经济学的一项重要任务。

前面已经介绍，外部性是指某个微观经济单位的经济活动对其他微观经济单位所产生的非市场性的影响。人类对气候资源的外部性影响有正向，也有负向。正向影响，是指生产投入者成本大于社会成本，其收益小于社会收益，如植树造林，可以保护森林、保护湿地、防治风沙、保持水土、对小气候环境修复等，这些经济活动从一定意义上讲，对解决气候问题有积极作用，社会公共效益远大于生产投入者效益。负向影响，则是指生产投入者成本小于社会成本，其收益大于社会收益，如围湖开垦、过度放牧、大范围改变地表自然环境、大量排放污染物、大量抛废弃物、大量消费自然植物资源等，这些在很大程度上会造成气候恶化。其负向影响，生产投入者收益远大于社会收益，因为生产投入者并不承担外部性任何成本。这就是外部不经济性在气候资源开发利用活动中的反映，全球气候变暖、臭氧层空洞、极端气候事件增多等，已经呈现人类气候资源的“公地悲剧”。

气候防灾减灾领域的外部性则表现为社会投资者的成本与受益的不对称性，即投资大、受益小，因为一部分效益为非投资者享有，没有国家政策支持受益者也不可能支付费用。例如，修筑防洪工程需要大量资金投入，但受益人是洪泛区的公众而非投资人，在我国传统的做法就是政府投资或组织，洪泛区公众出劳力。由于形势变化，现在洪泛区公众出劳力越来越难，甚至不可能出劳力。如果政府不投入防洪工程建设，气候防灾减灾能力就会越来越弱，因为社会资本不可能投入防洪工程建设，这就是气候防灾减灾领域具有外部性特征，即投资人与受益人不对称。但是，为逐步避免这种外部性，一些地区开始利用防洪工程建设一些公园、景观、休闲、停车等以收费补偿，或者可以大范围承租洪泛区土地，以降低这种效益外部性溢出，从而可以吸收部分社会资金投入。还有的地方曾经征收防汛费以用于防汛设施建设。

2.3 公共性资源理论

根据公共性资源理论，公共资源原指地球上存在的，不可能划定所有权或尚未划定所有权，从而任何人都可以利用的自然资源。它能为人类提供生存、发展、享受的自然物质与自然条件，这些资源的所有权由全体社会成员共同享有，是人类社会经济发展共同所有的基础条件。由于资源的公共性，这种公共资源很可能会被人类过度使用，从而造成灾难性的后果。气候资源就属于公共性自然资源，因为气候资源具有 3 个显著的公共特性。

第一，气候资源效用具有不可分割性。气候资源是整个社会共有的自然资源，由社会共同受益与消费，其效用是为整个社会的成员所共同享有，不能将其分割为若干部分，分别归属某个人或者某个集团享有。诸如大气资源、雨水资源、太阳光照资源等，一个主权体内的所有人都共享这些资源，不可能将拒绝享受这些资源的人群与为保护这些资源付款的人群区别开来。

第二，气候资源取得方式的非竞争性。某个人或集团对气候资源的获取，特别是对气候环境资源的获取，不排斥和妨碍其他人或集团同时获取。气候环境资源消费者的增加不会引起生产成本的增加，即增加消费者，其边际成本等于零。在传统的经济生产领域，人们获取气候资源不需要任何竞争，也不存在政府公共管制，即使在现代的经济生产活动中，也没有从气候资源使用视角进行审批问题，其取得方式的非竞争性仍然有待研究。气候资源这种消费的非竞争性将不可避地导致被“过度利用”，现在出现天不蓝、山不青、水不洁、气不净，就是长期以来形成的传统公共消费观和受益观的结果。

第三，气候资源受益的非排他性。某个人或集团对气候资源的消费和受益，并不影响或妨碍其他个人或集团同时消费和受益，也不会影响其他个人或集团消费气候资源作为公共物品的数量和质量。以人口为例，全球过去有30亿人口消费气候资源，现在达到70亿人口消费气候资源，并没有增加气候资源成本。又如生产者过去向大气中排放温室气体，生产者并不增加任何成本。

用公共产品理论解析气候资源公共性，可以说气候资源供给主体缺乏、权属界定无据问题最突出，气候资源开发利用和保护面临困境越来越突出，气候资源“公地悲剧”在不断上演。从国内情况分析，目前气候资源开发利用与保护的体制、机制尚未建立，政府及其有关部门的职责尚不明确；因资源不付费而造成局部太阳能资源、风能资源、小水电资源和气候舒适资源开发过度的问题较突出，一些大中型气候资源开发项目缺乏必要的前期规划与论证，中后期气候资源开发转化为能源利用状况如何跟踪评价也缺乏相应规则；一些地区气候资源保护措施不到位，不合理开发导致湿地消失、水土流失、候鸟栖息地和气候自然景观丧失等破坏生态环境现象时有发生，有的地区还比较严重；有些重大规划、重点工程项目缺乏必要的气候可行性论证，造成区域内气候环境压力超负荷、气候资源失衡、环境恶化；一些破坏和影响气候资源再生性的高污染、高排放生产经济活动规模不断扩大，在一些地区天蓝、水清、气新的气候环境已经遭到破坏。

从国际社会看，由于国家之间经济水平差异、资源不均、科技强弱有别等原因，导致各国对气候资源和气候环境资源公共产品的消费并不平等。相比较而言，发达国家由于自身的先发达优势，使其对全球气候资源和气候环境消费呈现了巨大的优势，诸如早期发达国家的工业生产向气候环境中排放了大量的温室气体，当意识到这种排放危害以后，就开始不断向落后国家输入高污染、高排放和高耗能生产能力，把大排放的经济生产不断转移至发展中国家而减少自身排放，从而把排放的成本大量向他国转移。由于大气和水体流动实际上把排放和污染转移到全球所有角落，从而造成全球性气候变暖、气象灾害频繁发生、国际河流污染不断加深、海洋动植物死亡或退变、大范围冰川融化、海平面上升等，人类生存和发展环境受到来自人类自身经济活动的巨大挑战。

气候环境资源是人类公共产品，是人类共同的家园。当国际社会提出气候治理以后，各国既想"搭便车"享受气候治理成果，又不愿意承担相适应的国际责任。有的先发达国家从本国利益出发或要求共同分担而无差别的责任，或无视各国发展差别而要求均等分担全球气候治理成本，或不考虑各国技术条件而强推国际气候治理标准，或承认差别但不承担或不相应承担气候治理责任，或不承诺或不落实承诺相应的气候治理经费或技术转让，但也有后发展中国家，或过分强调本国低水平而拒绝参与全球气候治理，或既想享受全球气候治理红利而又一点都不愿承担任何责任。以上这种主权国家狭隘的"国家利益观"导致气候资源和气候环境资源过度使用，从而不断加剧全球气候困境。这种挥之不去的"搭便车"现象，造成国际社会自推进全球气候治理以来进展较为缓慢，提出的目标迟迟不能落实，不同利益国家团体之间展开了巨大博弈。

2.4　生态价值理论

生态系统是由生物群落与无机环境构成的统一整体，气候资源在生态系统中发挥着基础性和本底性的作用。生态价值理论认为，生态价值是指人类在对生态环境客体满足其需要和发展过程中的经济判断、人类在处理与生态环境主客体关系上的伦理判断，以及自然生态系统作为独立于人类主体而独立存在的系统功能判断。人类社会在发展过程中对生态价值的这些判断是逐步形成的，也是随着人类发展进程而发展变化的。

人类社会发展到今天，已经认识到生态价值的意义包括：一是地球上任何生物个体在生存竞争中都不仅实现着自身的生存利益，而且也无意识扮演着其他物种和生命个体的生存条件，从这个意义上讲，任何一个生物物种和个体对其他物种和个体的生存都具有积极的意义（或价值）；二是地球上的任何一个物种及其个体的存在，对于地球整个生态系统的稳定和平衡都发挥着相应作用，体现着自身在生态系统中的意义和价值存在；三是自然界系统整体的稳定平衡是人类存在（生存）的必要条件，因为人类本身作为地球高等生物同样具有环境适应性反应，因此合适生态对人类生存具有环境价值（刘福森，2013）。对于人类而言，地球系统的自然气候资源就是这些生态系统维持和生态价值体现的本底条件及基础，自然气候资源是所有生态系统形成的基础和依据。

由此可以认为，生态价值首先应是一种自然价值，即自然物之间以及自然物对自然系统整体所具有的系统功能。这种自然系统功能可以被看成是一种“广义的”价值。对于人的生存来说，它就是人类生存的环境价值。这里的生态价值不是指自然物的资源价值或经济价值，它是自然生态系统对于人类所具有的环境价值。人也是一个生命体，在自然界中生活也必须获取相应的气候资源和生态资源。人的生活需要有适合于人的自然条件，包括安全生息的大地、清洁的水、清新的空气、适当的温度、必要的动植物伙伴、适量的紫外线照射等。由这些自然条件构成的自然体系就构成了人类生命生活的环境，是人类生存须臾不可离开的必要条件，是人类生活的“家园”和“栖身地”（刘福森，2013）。这个环境在很大程度上就是讲适合人类活动的气候环境，当气候环境资源发生改变时，所有生态系统也会随着发生相应改变。当然，生态系统确实也具有人类活动所需要的资源价值和经济价值，如果继续以人类为中心主义思想，过度开发生态系统的这些资源经济价值，造成大范围气候环境资源破坏，人类必将面临自身都难以生存的灾难。因此，生态价值对于人来说，首先就是环境价值。如果硬性把这种环境价值作资源化或经济化核算，那就只能用或维护或恢复或还原原生态环境所支付的社会成本进行核算，或类比经济社会他用而产生的经济价值。但是，对生态社会成本进行核算价值，只能是过度开发生态的社会欠账；或类比经济社会他用的经济价值，只能是金山银山的理念价值，而不可进行侵蚀性或破坏性开发利用。

无论是中国古代的天人合一思想，还是西方讲的主客体辩证关系，都告诉了人们关于人与自然始终存在着两种基本关系，一种是人类作为主体的关系，自然是人类的实践和消费客体。在这个关系中，只有当以气候资源及其相应的生物、植物、自然物进入人的生产实践领域，作为生产的原料被改造时，自然物才具有了价值。这就是人们常说的资源价值和经济价值，也是一般所理解的资源能为人类所用。从这样的观点出发，可以说使人类从自然资源中获得了生活资料，能够满足人类的消费需要与欲望，但也必须看到，自然物在人类的生产与消费中被逐步减少、退化或最终被毁灭，甚至可能致使自然物的存在最终消失；另一种是人类作为自然物的存在，这种关系认为，人是自然发展到一定阶段的产物，自然客体决定和制约着人类的发展，在这个关系中人与其他自然物种一样都是自然生态系统整体中的一个普通的“存在者”，它们都必须依赖于作为整体的自然系统才能存在(生存)。自然生态系统整体的稳定平衡是一切自然物(也包括人)存在的必要条件，在这个意义上说，以气候资源及其相应的生物、植物、自然物以及自然生态系统的整体对人的生存具有环境价值(刘福森，2013)。

关于包括气候资源在内的自然物同时所赋予人类的经济价值与环境价值，对人类而言，这是一种对立统一的矛盾关系。人类的存在与发展必然消费一定的自然资源，这就体现出了自然资源的“消费性价值”，在市场经济作用下有消费就有供给、有交换、有支配，或如气候资源和气候条件本身就自然参与人类的物质生产，这部分自然资源因人类消费而减少或耗绝或消失，它的经济价值就是通过人类的生产实践而造成自然物的减少或耗绝或受到影响，以满足人类的生存与发展需求。而环境价值则是一种“非消费性价值”，这种价值不是通过对自然物的消费，而是通过对自然物的“保存”来实现其价值的意义，这种“保存”本身就包括人在内的生态系统稳定、平衡和代际可持续的需要。例如，森林和植被对于人来说，既具有经济价值，又具有环境价值。森林和植被经济价值的实现，就在于把森林砍掉或把植被地改变为作物种植，过去改造林地、坡地、草地、湖地为田地就是基于这种认识。但森林和植被地及林草湖本身对人类生存和与人类相伴生物植物就具有环境价值，当这种环境价值被人类转化为经济价值以后，人类才发现自然资源的过度经济利用，不仅危及其他生物植物的生存，更已危及人类的生存环境。因此，近 100 年经济社会发展的代价是，迫使人类已经深刻认识到自然物的经济价值与环境价值的根本区别，不能一切以经济价值为标准，必须尊重自然物的环境价值存在，否则人类将付出更惨重的代价。人类本身是自然界的一部分，不可凌驾于自然之上或置身其外，人类对自然资源的开发和消费必须限制在自然生态系统的稳定、平衡和可持续限度以内，不能超越包括气候资源在内的自然资源安全容量。因此，人类应检视自身的生产生活对自然资源的消费行为，以维护和维持自然生态系统自我修复能力。因此，党的十八大报告明确指出：“坚持节约资源和保护环境的基本国策，坚持节约优先、保护优先、自然恢复为主的方针”，为的是“给自然留下更多修复空间”。党的二十届三中全会决定指出：“落实生态保护红线管理制度，健全山水林田湖草沙一体化保护和系统治理机制，建设多元化生态保护修复投入机制。”以推进绿色发展、循环发展、低碳发展。

气候资源在自然资源中还有其特殊性，就是构成生态系统无机环境最重要、最活跃的基础部分，在气候系统五大圈层中，大气圈是最活跃的圈层，影响着生物圈、水圈、冰雪圈和岩石圈，关系着人类生产生活的环境条件和质量，气候环境资源发生改变，生态系统必然会发生与之相适应的变化。气候资源包括在一定区域范围内，气候资源和气候环境资源能够支持社会系统、经济系统、自然生态系统三者动态平衡可持续发展的最大量级水平。其中生态系统就是自然界一定空间内，生物植物与环境构成的统一整体，并且明显受到气候资源变化的影响和制约。当经济社会系统过度占用气候资源或改变气候资源容量状况时，就会显著改变自然生态系统的动态平衡进程，这种平衡一旦被打破，气候资源的某一要素或组合要素就可能超出天然安全阈值，这不仅可能危及自然生态系统的安全，也可能危及人类生命体的安全。

气候环境资源是生态系统的根本和支撑，可以说什么样的气候环境资源就会形成什么样的生态系统。气候环境资源发生变化，相应的生态系统均会发生改变，因为气候环境资源发生变化，相应的河流、水文、植被群、生物群、动物群和微生物群分布均会随之改变。因此，改善气候环境应是生态文明建设的一个重要目标。人类发展与气候有着千丝万缕的联系，气候变化关乎人类共同的未来。气候在过去亿万年的剧烈变化中推动人类的进化，也孕育起人类文明。纵观人类古文明兴衰可以发现，无论是文明的兴起或是文明的衰落，气候变迁往往成为影响人类文明兴衰的重要因素之一，也是影响人类历史发展进程的重要因素之一。

目前，气候环境资源是人类面临的诸多生态危机中最为突出的问题。当前，气候变暖不仅直接导致淡水资源短缺、土地荒漠化、农业生产不确定性增强、生物多样性减少，同时对于臭氧层破坏、冰川消融、海平面上升、人类健康也具有不可忽视的影响。由于气候变暖问题的全球性、长期性、综合性和不可逆性以及与其他生态环境问题的关联性，使得人类不得不正视气候变化带来的生态挑战；必须重新思考人类与自然的关系，重新思考人类行为的准则，以一种更高的文明形态——生态文明来重新认识和改造工业社会，避免人与自然以及人与人之间矛盾的进一步激化，真正走出气候变化危机的困境。为此，必须将应对气候变化摆在生态文明建设的一个重要位置上来考虑。

从社会系统的环境生态分析，气候资源系统对社会系统的影响也是非常巨大的，社会系统是一个由经济生产系统、社会生活系统、社会心理系统和社会管理系统构成的有秩序的系统，但这种秩序必然是自然气候资源系统处于正常状态的社会秩序。气候资源系统如果出现波动或者出现异常，如发生气候资源重大事件（缺水干旱、高温热浪、超低气温、冰冻、强风沙等），它就会通过影响经济生产系统、社会生活系统，而造成对社会心理系统和社会管理系统的影响，使常态下的社会秩序受到破坏。显然，社会经济系统生产的价值，不完全来自社会劳动生产，也包括气候资源在内的自然力作用。社会经济系统要实现可持续发展，就必须使自然气候资源系统也能永续利用，这就要求社会经济系统对自然气候资源系统做出生态补偿，包括实物量补偿和价值量补偿。经济社会活动不仅需要投入劳动和物资，而且需要投入气候资源再生产，因此在计算经济产品的价格时，除考虑劳动成本和物资成本外，还应考虑包括气候资源在生态资源的维护维持中的再生产成本。经济产品按机会成本定价时，除通常考虑的边际生产成本外，还要加上消耗包括气候资源在内的生态资源构成的成本，从而反映气候资源价值和生态价值。

参考文献

刘福森，2013. 生态文明建设中的几个基本理论问题[N]. 光明日报，2013-01-15 (11).

马克思，恩格斯，1972a. 马克思恩格斯全集：第二十四卷[M]. 北京：人民出版社.

马克思，恩格斯，1972b. 马克思恩格斯选集：第3卷[M]. 北京：人民出版社.

第3章　气候资源经济利用分类与特征

揭示气候资源与经济的关系，应当从气候资源所具有的社会经济属性入手，一方面需要回答气候资源如何具有经济意义，即对社会经济增长的积极和消极意义；另一方面应当说明气候资源具有经济价值的实现形式，即气候资源转化为经济社会财富的形式或对经济发展造成的影响，以此揭示气候资源的社会经济意义。从经济学的意义分析气候资源，气候资源具有其独特的经济属性。但首先应认识气候资源经济利用分类与特征，这是按照一定标准、特性或功能对其进行种类、等级或性质分别归类。气候资源经济利用分类是开展气候资源经济学研究的重要切入点，也是研究和认识气候资源经济特征的主要途径。

3.1　气候资源经济利用分类

气候资源是地球上分布最为广泛的自然资源，根据气候资源组成要素及其与社会、经济的联系，并按照不同标准可将气候资源经济利用划分为不同类别。

3.1.1 从气候资源属性利用划分

气候资源具有不同资源属性，根据它们的属性在经济利用的过程中或综合或单独转化经济价值，可以按照以下标准划分类别。

(1)按气候资源组成要素利用分类

气候资源经济利用可划分为光照资源、温热资源、水资源、风力资源和大气成分资源经济利用等。这些气候资源广泛地分布于地球上所有空间，它们既具有综合性的经济资源功能，又具有相对独立的经济资源功能。这些气候经济资源在现代科学技术条件下都可实现计量监测，一方面为研究气候规律提供科学数据基础；另一方面也是研究气候资源经济学的科学支撑。

(2)按气候资源区域分布利用分类

气候资源经济利用可以划为热带气候资源、亚热带气候资源、温带气候资源、寒带气候资源、干旱半干旱区气候资源、山地气候资源和海洋气候资源经济利用等。其中热带气候资源位于南北纬23°26′之间，约占全球总面积的39.8%，包括赤道南、北两侧5～10 ℃的赤道气候资源、热带雨林气候资源、热带草原气候资源、热带季风气候资源和热带沙漠气候资源。亚热带气候资源位于23.5°—40°N、23.5°—40°S，一般将世界上的亚热带分为4种类型：大陆西岸型(即地中海型)、大陆东岸型(即季风型)、内陆型(即干旱草原与荒漠型)、山地型(基底部分为亚热带的山地，垂直地带性是它的主要特征)。温带气候资源类型比较丰富，一般包括温带季风气候分布，位于亚洲东部35°N以北地区；温带海洋性气候分布，位于南北纬40°—60°的大陆西部；温带大陆性气候分布，位于温带大陆内部。寒带气候资源，是高纬度地区各类寒冷气候的总称，气候类型包括寒带冰原气候、寒带苔原气候。另外，还有干旱半干旱区气候资源、山地气候资源和海洋气候资源。人类对不同区域的气候资源经济利用，既有人类自然经济发展的选择，更有现代科学技术参与的开发利用。

(3)按气候资源经济利用方式分类

气候资源经济利用方式有：①农业气候资源经济利用(包括种植农业气候资源、林业气候资源、畜牧气候资源、水产气候资源经济利用等)。气候资源经济利用传统的方式，主要通过农业作物和动物自然积累利用气候资源量而转化为经济价值；现代方式可通过实施农业工程、设施林业工程等更加充分、更加高效利用气候资源，通过实施现代农业工程、设施林业工程还可以使高效经济类作物实现南作北移。②功能性气候资源经济利用(包括气候资源光合生态功能、生物功能、区域运维功能、光热风转化功能经济利用)。传统功能性气候资源经济利用表现为直接经济利用和通过植物生物转化利用；现代功能性气候资源经济利用表现为能量转化、能源化学转化方式经济利用，包括水电、光伏电、太阳能热、风电和沼气等经济利用方式。③生活性气候资源经济利用(舒适气候资源、景观旅游气候资源、冰雕气候资源、建筑气候资源、医疗气候资源等经济利用)，这些气候资源有着不同的经济意义，其经济价值计算与评估方式方法也有很大差别。

(4)按气候资源经济利用价值实现途径分类

在自然条件下通过直接利用气候资源生产各类植物生物消费

品而实现其经济价值(即通过作物或植物自然积累气候资源而生产初级产品);通过人工技术利用太阳能资源高效转化为热力资源,通过消费热力资源而实现其经济价值,如热水器等;通过现代技术使气候资源能量转化而实现其经济价值,如水、风、光气候资源转为可上网销售的电力;通过满足人们气候舒适、欣赏和好奇需求,利用气候舒适环境、气候光象、气候景象等气候资源实现其经济价值。

3.1.2　从气候资源转化经济形态划分

由于气候资源经济利用的复杂性,气候资源转化为经济形态也呈多维性,从气候资源转化经济形态划分,一般可分为农业气候资源经济、气候能源经济、旅游气候资源经济、气候生态资源经济、雨水资源经济等形态。

(1)农业气候资源经济

农业气候资源是指一个地区的气候条件对农业生产发展的潜在能力,包括为农业生产所利用的气候要素中的物质和能量。其中农业具有广义性,包括各类种植业、林业、渔业、药特业和牧业等。气候中光、热、水、空气等物质和能量,是农业自然资源的重要组成部分,决定着区域种植制度及作物结构(董章杭,2011)。由于我国各地区气候资源分布不均,各地在进行农业生产及规划时,必须尊重气候的客观规律,依照作物的气候适应性,因地制宜,并充分利用本地自然资源优势,以获得稳定产量和优良品质。

从农业经济生产价值增量上分析,农业气候资源的经济利用主要反映在 4 个方面(姜海如,2006)。

①光资源利用。光能是作物生长在光合作用下制造干物质的必备能源。作物对光能的利用率则是产量形成的主导因子，当环境条件处于最佳状况时，作物就能有效地进行光合作用生产形成有机物而产生经济价值。

②积温资源利用。温度条件是作物生长的必要条件之一，各种作物生长都有其下限温度，温度低于其下限温度时，作物就会停止生长，低温超过临界点时，作物就会损伤，甚至死亡。在下限温度之上作物才会生长，作物只有生长在最适宜温度区，才能达到最佳生长状态，因此通过人工措施，对作物生长需要的温度条件进行调节，产生的经济价值非常明显。

③降水资源利用。水是生命之源，也是农业种植经济生产之源。对农作物而言，水分的作用主要是维持作物的生长机能和直接参与光合作用。降水资源的自然利用，既取决于降水资源的时空分布，又取决于地理条件的相互配置，因此，为了保持或发展经常性的农业生产，人们在生产实践中极大地提高了对雨水资源的利用能力。

④气候资源自然配置分布。农业气候资源的有效利用，既要考虑气候资源的综合性自然配置，又要考虑单要素气候资源利用。不同的气候资源配置既影响农作物总产量，又影响农产品质量，在自然状态下还决定着农业种植制度。例如，在气候热量资源得到保证，而雨水资源低于600毫米的地区，一般农业种植只宜实行一年一熟制或两年三熟制，雨水资源高于800毫米的地区才可实行一年两熟制（程纯枢，1991）。由此可见，农业气候资源配置对农业经济生产的影响。

随着农业科技的进步发展，在合理、充分利用气候资源的基础上，挖掘农业气候资源经济潜力，加大区域光照、热量、水分等资源的开发利用率，结合气候资源开发和生态建设，大力发展特色农业、生态农业、立体农业及观光农业，建立有气候特色的地方优质农产品品牌，做到既开发利用农业气候资源，又保护生态环境，实现农业经济的可持续发展。

(2)气候能源经济

气候能源是指一些气候要素所蕴藏的可供开发利用的能量，这些能量是一种很有发展前景的能源，如太阳能、风能，也包括由降水和地形条件构成的水能。气候能源经济是指气候或气象因子蕴藏的可供开发利用的能源经济。随着科学技术的发展，继雨水资源转化为电力能源之后，风能和太阳能都可以直接转变为经济能源。

气候能源经济一般是指针对太阳能和风能的开发和利用而产生的经济活动。风能、太阳能等可再生能源可以说是取之不尽、用之不竭的清洁能源，具有巨大经济开发潜能。气候能源直接应用于社会经济生产，并形成社会经济增量。气候能源的经济价值表现为以下几个方面(姜海如，2006)。

①气候能源直接作为动力使用。人类直接利用风能作为动力能源的历史比较悠久。根据推测分析，人类发明风帆最晚也在公元前4000年至公元前5000年。真正意义上的帆，传说发明于我国夏代。帆的发明使得人类第一次有意识地利用人力与畜力之外的自然力——风力成为可能。地球上的风力资源极其丰富，陆地上，狂风可将大树连根拔起或从中间撕裂；在海上，风可以掀起数十米高的巨

浪。人类如果能有效地利用风力资源,将大有可为。千百年来,人类对风力资源的利用进行了不懈探索,除风帆外,先后发明了风车、风筝、风铃。风能作为动力能源具有很高的经济开发价值。

②气候能源直接转化为热力能源。现代科学技术已经能使太阳能比较有效地转化为热能,20 世纪 80 年代以来,太阳能开发利用取得较大进展,特别是太阳能热水器、太阳能灶等设备的出现,有效提升了人类利用太阳能资源的能力,并迅速得到了普及,世界上许多国家把研究太阳能的开发和利用列为重要的能源战略,并制定了一系列的鼓励性政策,使太阳能利用呈现出良好前景。

③气候能源转化为电能。利用现代科学技术将风力资源和太阳能资源转化为电能,风力发电在 19 世纪末就开始登上历史舞台,在 100 多年的发展中,一直在新能源领域作为关注前沿。近年来,风力发电和太阳能发电技术有了很大进展,尤其是太阳能发电具有布置简便和维护方便等特点,应用面较广,到 21 世纪 20 年代全球装机总容量已经开始追赶传统风力发电。随着国际上对气候变化的日益关注,世界各国更加重视运用现代科学技术研究与开发利用以太阳能、风能为对象的气候能源,推动相关研究的深度、广度不断加强。

(3)旅游气候资源经济

旅游气候资源经济是现代旅游业发展催化作用下直接服务于旅游业的资源经济,将带来越来越好的旅游经济效益。旅游气候资源是指能满足人们正常的生理需求和特殊的心理需求功能的气候资源(邬明辉,2009)。气候资源是旅游业中不可缺少的一种资源,气候本身的美和特殊气候条件下形成的特殊自然景观与人文景观都是旅游的重要目标。旅游气候资源作为构成某一地区地理环境和旅游景观的主要因素，对其他旅游资源的形成往往起着十分重要的作用，旅游气候资源与旅游地其他自然景观、人文景观互为补充，形成天、地、人、物四维立体的旅游资源。旅游气候资源的分布既具有地域性、特定性特点，又具有普遍性特征，这是其不同于其他旅游资源的特殊性（吴宜进，2009）。

我国旅游气候资源类型多样，从南到北，从东南到西北，气候类型很多，还有不同高度山地气候和海滨气候，大部分地区位于适合旅游活动的温带和亚热带地区，同时由于下垫面的影响，小气候类型更为复杂多样，因此，可充分利用我国气候资源多样性和丰富性特点，开发和发展气候舒适旅游、冰川旅游、冰雪文化旅游、雪景旅游、雾凇和雨凇景观旅游、高山气候旅游、高原草原气候旅游、湿地气候旅游等多种气候旅游，促进各地旅游经济发展。

（4）气候生态资源经济

气候生态资源经济涉及农业、生态、工业、商业、体育、服务、日常生活等多领域，探索气候生态资源价值转化机制，积极推进经济绿色发展战略。

气候生态资源是指动植物生活中所必需的或是能影响它们生长发育的气候条件，包括太阳辐射、温度、湿度、风、降水以及大气成分等，其总和及其配合状况影响生物的性状和分布。气候生态资源产品具有丰富的价值类型，包括直接使用价值、间接使用价值、选择价值和存在价值等。气候生态资源经济是指持续自然生态状况成本价值加假设原气候自然生态进入市场交换获取的经济价值，或指还原气候自然生态所支付的经济成本累计。但这种经济价值只是气候生态资源价值的形态之一。

气候生态资源经济是研究与气候资源相关的经济问题和生态问题，从而获得基于气候资源利用的生态效益与经济效益的协调发展，同时减轻气候变异引起的生态与经济损害。清新的空气、洁净的水、宜人的气候等都是气候生态资源的体现，在不损害生态系统稳定性和完整性的前提下，这些气候生态资源可以为人类生产生活提供所需的各类产品，即气候生态资源产品。从经济学角度看，气候生态资源虽然可以全部或大部分转化为人类所追求的经济价值，但从人类与生态关系的意义分析，人类首先是生态中的人类，生态理论已经告诉人们，地球上的任何一个物种及其个体的存在，对于地球整个生态系统的稳定和平衡都发挥着相应作用，生态系统的稳定平衡是人类存在（生存）的必要条件。因此，不同的气候生态资源地区只能遵循基于经济与生态协调发展的原则，根据本地气候资源禀赋特点，积极探索具有本地特色的气候生态资源经济模式和路径（席鹭军，2019）。如立足高品质气候资源开发和利用，引导创建高品质、标志性气候生态品牌，推动气象赋能生态宜居高地建设，打通绿水青山与金山银山双向转换通道，既为经济发展增添新动能，更为生态良好和人类发展提供安全与舒适的空间。

（5）雨水资源经济

雨水资源的价值实现一方面在于经济利用；另一方面在于生态循环安全价值。雨水资源是保持地球植物和生物生存与发展的基础性资源，广义的雨水资源包括云水资源、冰雪资源和降雨资源。水资源在自然界以固态、液态和气态 3 种形式存在。在自然农业经济状态下，雨水资源状况是直接影响农业收成丰歉的重要资源要素，进入工业经济社会，它不仅影响农业经济发展，而且也会严重影响工业经济。同时，雨水资源是地表水和地下水的最终补给来源，是维持河流、湖泊自然水生态环境的根本保证，在陆地水循环和淡水资源演化中具有举足轻重的作用，是保障现代经济社会发展的基础性资源。

雨水资源是大自然赐给人类生存和发展的基础性资源，一个国家、一个地区和一座城市的雨水资源状况，对其国民经济布局和发展将产生极其重要的影响。雨水资源转化为经济社会效益的途径很多，并形成了许多雨水经济行业和部门，如水利、水务、水电等部门。在现代经济发展情景下，水力发电，使用水动力资源转化为能源经济；航运仍然是一种比较经济的运输方式；现代淡水养殖产业极大地提高了淡水资源的利用率，使淡水单位面积产生的经济效益成倍增长；现代农业生产既依靠天然水灌溉，也实现人工灌溉，风调雨顺就可以大大节约农业生产成本等；现代城市利用雨水洗涤城市空气、洗洁城市道路、浇灌绿地花园等。随着经济社会的发展，用水问题日益突出，人们对雨水资源经济价值的认识得到普遍提高，全社会对雨水资源的利用和保护意识普遍增强，雨水转化为现实经济效益的能力得到提升(姜海如，2006)。雨水资源经济研究受到学术界和专家的广泛重视。

3.2 气候资源经济利用特征

地球气候资源分布非常广泛，但从气候资源经济利用角度分析，既有一般性经济利用特征，也有特殊性经济利用特征。

3.2.1 气候资源的一般性经济利用特征

(1)气候资源是一种普遍性的经济资源

按照社会经济资源的量求关系分类，气候资源一般可分为稀有性资源、紧缺性资源、普通性资源和普遍性资源。前两种资源大家比较容易理解，在传统经济学中称为稀缺性资源。其实在人类的经济活动中，还有一种对经济个体或经济局部来讲不算稀缺的经济资源，或者说比较容易获取的资源，这就是后两种资源，即普通性资源和普遍性资源。

所谓普通性资源，有学者认为“普通资源是指市场上常见的资源，人们一般认为其对业绩的影响是中性的。这样的资源在一般人看来，充其量只能让企业在竞争中保持势均力敌。虽然普通资源本身不具有或不能带来竞争优势和更好的业绩，但它们通常是企业正常运转所必不可少的”(弗雷德里克·弗雷里 等，2016)。因此，普通性资源就是人们在经济活动中最容易得到且最常见的基本资源，从经济学意义讲，这种经济资源稀缺程度低，不属于贵重资源，而且比较普通，没有紧缺性。

所谓普遍性资源，在资源经济学中人们还很少引用这一概念，因为这一概念似乎与资源稀缺性相冲突。其实在自然资源领域，资源的普遍性和稀缺性是相继存在的，诸如一个区域的降水资源，就是一种非常普遍的自然资源，水的分布非常广泛，地球空间任何一处都分布着不同类型的气候资源，其稀缺性主要决定于人类的经济活动和生产力水平。因此，气候资源的普遍性是指分布极其广泛、在一定时期内人们并不感到缺少的自然资源，这种资源的经济价值通过人类生产活动已被包含在所形成的新增经济价值之中，但由于这类资源过于广泛，人们未必对其计算经济价值。人们对普遍性资源的经济属性认识，往往要经历一个历史的发展过程，可以说人们对许多自然资源的经济价值认识都经历了这样一个过程，如人类对海洋、草原、森林、水、湿地、土地、土石和空间等经济资源的属性，在历史长河中大都经历了一个曲折的认识过程。气候资源分布极其广泛，在农耕文明时代，气候资源几乎能完全自然地与人们劳动的其他生产要素相结合而产生出新的经济价值，人们一般只感到没有合理的气候条件配置，农业生产就会歉收，长期以来并没有从资源的意义上认识气候资源。气候资源的地理分布一般随纬度和海拔高度变化而变化，其时间分布随季节变化而变化，人们随时随处都能利用气候资源，只有利用方式和利用效率的差别。因此，人们一般不会感到气候资源的稀缺，甚至没有认识到气候资源可以作为相对独立的资源要素。

(2)气候资源是一种基础性的经济资源

所谓基础性的经济资源是指在经济生产中必不可少的资源，也可以说是进行某项经济活动所必需的最根本资源。气候资源对农业生产来讲就是必不可少的资源，自然的温、光、水、气是基本的气候资源，也是最基本的农业生产要素，它通过人类的劳动形式，同种子、土地和肥料结合，就产生了新的农业经济增值，可以说，离开了对各种气候资源的利用，就不存在自然农业经济。气候资源与土地的结合构成了农业生产的天时与地利，在农耕文明时代，人类只能根据自然的温、光、水、气分布安排农业经济生产，中国古代所谓的不违农时就是指不违背气候资源的时节变化规律，现代种植农业的经济生产同样也离不开对气候资源的科学利用。随着现代经济的发展，气候环境也成为重要的自然资源，可以说，现在人类所有的经济活动都是在一定的气候环境中进行的，这种资源的基础性更为人们所熟知。

(3)气候资源是一种潜在性的经济资源

气候资源作为生产力的要素与其他生产力要素不同，它具有潜在性的特征。通常情况下，气候资源并不能直接作为物品进行出让或销售，在传统经济活动中不能单独实现其经济价值，与土地、种子、肥料等显性农业资源要素有很大区别。长期以来，人们对农时和季节有比较深刻的理解，而对光、温、水和气等潜在性资源认识不足，这是由气候资源的潜在性特征决定的，人们从生产经验出发，在农业生产过程中主要遵从不违农时和历史积累的生产经验，一般不从气候资源利用角度来考虑。但是，在人们既往的农业生产经验中，气候资源已经作为生产前提自然地参与了人们生产的过程。在一定生产力条件下，气候资源不是一种直接的资源产品(在现代，有些气候资源已经上升为直接资源产品，如太阳能、风能发电)，只参与某些生产过程，同土地资源与生物资源等多种资源结合起来，才能产生经济价值。任何优越的气候资源只有与一定的土地相结合，才能产生效益。

同样，任何面积的土地，如果气候资源条件过于恶劣，也将是“荒芜”之地，难以显现其经济价值。在现代技术条件下，利用“荒芜”之地的太阳能发电和风能发电，其经济价值就充分反映了气候资源的经济价值。

(4)气候资源是一种低密度分布的经济资源

气候资源与其他资源比较，其分布密度比较小，时空分布随着纬度、海拔高度和天气状况变化而变化。如中国光资源分布丰富的一类地区全年日照时数为3200～3300小时。一年内接收的太阳辐射总量为6680～8400兆焦/(米^2·年)，相当于225～285千克/(米^2·年标准煤燃烧)所发出的热量，从一年看能源量似乎很大，但平均只有0.62～0.78千克/(米^2·天)。目前最先进的光伏技术应用只能有30%左右转化，由此可推算，经济密度只有0.186～0.234千克/(米^2·天)，如果不聚焦这样低密度的资源，就难以进行经济利用。气候资源利用必须经过聚集过程，才能新生经济价值。雨水资源也是如此，只有通过自然聚集形成河流、湖泊才能被利用，也可以通过人工措施修建水库、塘堰聚集。但气候温、光、气资源均不能自然聚集，它们需要经过植物过程、生物过程、物理过程和化学过程，才能使气候资源转化为经济价值。风能受地形影响，在部分地区有一定聚集，但与水能比较，其密度依然较小。气候资源分布密度小，使其充分利用则需要经过时间积累、规模积累和技术积累。

(5)气候资源是一种发展性的经济资源

人类早期生活在气候资源优越的地区，并仅在气候资源最好的季节开发利用，没有感到这一资源的稀缺。但是，随着社会的进步与发展，人们逐步认识到新的生产方式，传统的利用气候资源的方式已经难以满足生产发展需要，一方面由于生产能力增强，进一步扩大了利用气候资源的地域范围；另一方面由于不断推进新技术的应用，能更有效率地利用气候资源，并推进气候资源转化为能源。人们对雨水资源、风力资源和光照资源的开发利用都是社会生产力发展到相应阶段的要求和反映。

3.2.2 气候资源的特殊性经济利用特征

气候资源与其他自然资源相比，还具有以下特殊的经济属性（姜海如，2006）。

（1）气候资源经济利用的地域性

由于气候是一个环境因素，其空间分布广泛，是一种在地球表面普遍存在的资源，其影响资源变量的主要因素是太阳传送能量和地球自转。所以因纬度、海拔高度、地势地貌和海陆分布的不同，各地气候资源要素配置和量值呈现出明显的地域性特点。正是由于区域气候资源禀赋的不同，所以才有区域农产品的品种和品质的差别，在自然经济时代才形成了农业经济区域、牧业经济区域和采摘经济区域。气候资源经济利用的这种地域性，在现代经济利用中除表现在农业生产方面外，也表现在水能经济、供暖经济、降温经济和设施农业经济中，诸如南水北调、“候鸟人”、取暖和降温设施消费等经济领域均取决于气候资源和气候条件的配置。

（2）气候资源经济利用的再生性

由于气候呈年际变化，气候资源自然也呈年际循环更新。气候资源在一个周年内能够重复形成且具有自然更新、自然复原的特性，并且可持续被利用。由于地球的地轴与黄道面的夹角为 66°34′，地球围绕太阳公转一周的时间为一年(约 365 天)，当地球转到不同方位，使太阳光直射到地球表面的纬度发生变化，这个变化就在南北回归线(22.3°N—22.3°S)之间往复，由此形成了地球气候的一年四季，来年再往复，周而复始，从而也构成了地球气候资源四季变化和周年循环。这就是气候资源经济利用的再生性特征。由于气候资源属于非固态的资源(不包括冰雪)，它是一种辐射场态、气态、液态和环境场态资源。因此，气候资源也是一种难贮存的资源。如果不利用或利用不充分，它就可能全部流失或部分流失，难以形成社会经济价值。

(3)气候资源经济利用的可变性

在传统的经济概念中，气候资源是一种取之不尽、用之不竭、不断循环的可再生资源。但是，气候资源又是一个可以随着地形地貌和大气环境变化而可能发生变化的资源，这就是气候资源和气候环境的可变性。大家知道，由于气候资源具有可再生性，人类社会活动如果对其再生机制施加影响，就可能对气候环境起到保护或破坏的作用。所谓保护，诸如植树造林、不乱砍滥伐、不过度使用、保护原生生态，或者对生产生活小气候环境进行改善等，从而造成气候资源的永续利用或使气候环境更适合于人们的生产生活。但相反的就是破坏或恶化气候资源或气候环境，人类社会发展进入近代社会以来，由于近现代工业发展，不仅大量化石能源消耗与排放，而且大量开发土地改变地形地貌环境，从而造成气候变化，气候资源可能已经不再是取之不尽、用之不竭的可再生资源，特别是河流和湖泊被污染、山体和植被被破坏、空气被浊化，大气环境改变了气候资源和气候条件可再生性。一些区域气候资源禀赋发生重大变化，自然生态系统平衡被打破，气候资源的再生机制受到严重破坏，脆弱性气候事件经常发生，使人类开始认识到保护气候资源的现实性和紧迫性。

(4)气候资源经济利用的非线性

气候资源能够被人类经济生产活动所利用，但在一定生产力水平下，其量质应在一定阈值范围内才有经济意义，与经济价值并非呈线性关系。气候资源经济利用的非线性告诉人们，许多经济活动离不开气候资源，经济活动价值也可能因气候资源和气候环境的合理利用而不断提升。但是，在相应的科学技术条件下，如果气候资源和气候环境的量质过低或过高，有的就不可能产生经济价值，甚至造成灾害损失。气候资源和气候环境经济利用水平与人类生产力发展水平相适应，人类生产力发展水平越高，气候资源和气候环境经济利用水平就越高。这也是造成当今气候资源和气候环境稀缺的原因，由于现代科学技术参与，气候资源和气候环境不断地过度或不适当地被开发利用，从而因全球气候变暖而引发新的气候灾害。可以说，在一定生产力条件下，气候资源的过量或过少不仅难以形成经济价值，而且会造成经济损害。气候资源和气候环境变化如果超过一定幅度，就会出现气候异常而造成灾害。因此，开发利用气候资源的同时，必须注重保护。

(5)气候资源经济利用的丰富性

从广义上和社会经济发展的意义上认识，气候资源具有丰富性的特点，一是资源形式的多样性，气候资源分为热量资源、光能资源、水分资源、风能资源和大气成分资源等；二是资源分布的广泛性，地球处处都分布有不同特征的气候资源；三是资源利用的不竭性，只要人类遵循自然规律，气候资源就可以得到不竭的永续利用。随着科学技术的不断发展，大多数气候要素和气候条件都可能具有经济利用价值和开发价值，而且同一气候资源，还可能选择不同的经济价值实现形式。

(6)气候资源经济利用的无体性和有物性

气候资源的无体性，这是由气候资源特性所决定的，因为风、光、温、水、气是一种无体性资源，它们没有形状，难测量，在现代科学产生之前人们对气候资源量只能用一种概数表述，由于气候资源是自然界中客观存在的，它能够对经济社会生产产生影响，并一直认为农业生产是重要的无形资产，但其经济价值确认难度大，一般也并不认为它是一种有经济价值的资源。但对风、光、水、气，人们早就认识到这些气候资源的有物性，如风动、光照、冷热等，在现代科学技术条件下，人们已经完全可以精准度量气候资源各种要素的计量，不仅认识到而且掌握了如何利用先进科学技术使气候资源转变为现代经济资源。

3.3 气候资源经济开发利用规律

随着人类对气候及其规律性的认识逐步深入，人类对合理开发利用气候资源的认识也在逐步提高。在已经认识到气候资源的一些经济特征以后，还需要进一步认识合理开发利用气候资源的一些基本规律，这就是气候容量与经济生产布局相适应规律、气候资源周期性与经济弹性规律、气候区域与经济比较优势规律，只有遵循了这些基本规律，气候资源才能被合理地开发和有效利用。

3.3.1 经济生产布局与气候容量相适应规律

3.3.1.1 气候容量内涵

气候容量是指一定区域的气候资源、气候环境及其变化能够使人口、经济社会和自然生态协调可持续发展的最大安全容纳量，也可以简称为气候对人口、经济社会和自然生态协调可持续发展的负载容量。这一概念应包括以下 3 个方面的内容。

第一，气候是对某一地区长期天气状况、气象要素的综合反映，既是天气状况和气象要素的平均反映，也包括极端气候事件。气候的平均状况以一个地区气象要素和天气过程在某个较长时期（一般认为不应少于 30 年）的平均值及变率为统计特征。

第二，气候资源与气候环境是构成气候容量的内容。气候资源是指可以在社会物质财富生产过程中作为原材料或能源利用的那些气候要素或现象的总称，主要包括光热、温湿、降水、风、自然大气等气候因子。当这些气候因子作为储备的生产要素时就转化为气候资源，其中光、热、温、水是农业生产的本底性资源，水则是所有产业的基础性资源。气候环境是指一定空间范围内大气和气候的状况，反映了气候与社会、生态、地表、水文等多方面的联系，既是自然环境的重要组成部分，也是影响水文、生态和地表环境的本底环境因素，对人类社会活动具有重大影响。但是，人类活动也能影响气候环境，人类大范围改变地表状态或通过物理的、化学的途径改变大气成分，都可能改变气候环境，进而改变气候容量。

第三，人口、经济社会和自然生态协调可持续发展都需要消耗相应的气候资源，或者需要相应的气候环境作为支持。因此，在一定区域内能够被利用的气候容量总是有限的，如果经济社会发展过度占用气候资源或干扰气候环境，就可能打破气候、人口和经济社会发展之间的平衡与协调，有可能影响可持续发展。因此，气候容量应以人口、经济社会和自然生态协调可持续发展作为极限量。

通过以上分析，可以说气候容量是一个复合概念，内涵非常丰富。首先，从空间上讲，气候容量包括一定区域范围内，是在保证人口、经济社会和自然生态安全的前提下容纳污染物的最大数量，也反映了气候条件对污染物自净的最大支持量级水平，主要包括大气稀释、扩散、氧化、洗涤的运动能力。大气处于不断运动之中，大气通过稀释、扩散、氧化、洗涤等物理化学作用，具有使进入大气的污染物质逐渐消失或浓度降低的能力。大气自净是大气将污染物除去或浓度降低的自然过程或现象，大气自净能力与当地气候条件、污染物排放总量及城市总体布局等诸多因素有关，在不同地域、不同气候区域中，大气运动能力的差异构成了气候容量的差别。其次，从资源上讲，气候容量包括在一定区域范围内，是气候资源蕴含的物质和能量所具有的潜在总生产力水平。在理论上，通常可用气候资源估算植被的气候生产潜力或作物的气候生产潜力，就是假设作物品种、土壤肥力、耕作技术都能发挥最大效能，在当地光、热、水、气等资源条件下，单位面积可能达到的作物最大生长量或产量，由此可以推算评估出某一区域的气候总容量。事实上，光、热、水、气等气候资源的利用受地理、生态和生产力水平等诸多因素的影响，因此，气候容量的实际生产力远低于理论气候潜在生产力。再次，从生态上讲，气候容量包括在一定区域范围内，是气候资源和气候环境能够维持社会系统、经济系统、自然生态系统的动态平衡可持续发展的最大量级水平。其中，生态系统就是在自然界一定空间内，生物、植物与环境构成的统一整体，它明显受到气候容量的影响和制约。当经济社会系统过度占用气候容量或改变气候容量状况时，自然生态系统的动态平衡进程会出现显著改变，这种平衡一旦被打破，气候容量的某一要素或组合要素就可能超出天然安全阈值，这不仅可能危及自然生态系统的安全，也可能危及人类生命体的安全。最后，从风险上讲，气候容量包括一定区域范围内，是气候要素或组合及其变化的极限值对自然生态与经济社会系统可持续发展构成的最大风险量级水平。在一定生产力条件下，人类对气候容量的利用只能处在一定的安全阈值之内，否则，极端天气或气候事件就会对生态系统和社会系统带来风险。从气候意义上讲，极端气候事件对自然生态与经济社会系统都可能造成危害，但这种危害如果不属于毁灭性危害，在气候转为正常状态时是可以修复的。如果这种危害属于毁灭性危害，或者根本无法修复，那么，这一危害风险就超越了极限气候容量。

3.3.1.2 经济生产布局适应气候容量规律

在生态文明建设中，一定区域的气候是支撑人口、经济社会和自然生态系统可持续发展的基础性资源和条件，气候容量直接关系到人口与经济社会的发展安全，也关系到生态安全。经济生产布局适应气候容量规律可以从以下方面分述。

(1)气候容量是经济社会安全的一个阈值

如果气候容量以大气作为吸纳污染排放物的空间资源，那么其安全阈值就是一个区域范围内单位气体所能容纳的最大污染物的个数或重量。如果以光、热、水、气作为植物生长和生物转化的资源，那么，气候容量安全阈值范围就是光量、热量、降水量、气量配置的最大产出物质量。经济生产布局如果超出这些安全阈值，工业污染物超出了一个区域范围的大气净化能力，高耗水生产企业分布在一个低降水量和客水少的区域，这就违背了经济生产布局适应气候容量规律，就会产生“不经济”事件。

(2)气候容量是经济生产布局的本底性条件

一个区域的气候容量首先反映为经济社会活动出现之前自然状态下的容纳量，在没有人口和经济社会活动重大干扰的情况下，实际上是一个比较稳定的量值，年际变化具有周期的特征。气候容量的本底性在于，它是生态承载力、水资源承载力、土地承载力、环境承载力的基础条件，潜在地规定了这些承载力的总体能力和水平。经济生产布局必须符合生态承载力、水资源承载力、土地承载力、环境承载力的基础条件，必须适应本底性条件。

(3)经济生产布局适应气候容量规律是一种发展性认识

人类处在自然经济阶段，尽管气候资源潜在地规定了人类经济活动方式和生产水平，但人类经济活动不可能超越气候容量极限而影响到人类生命健康安全，整体上也不会影响到经济可持续发展。然而，人类科学技术发展到现代，人类经济和社会活动突破气候容量可能造成的风险越来越突出，如过度的水资源开发利用、过高的大气污染排放、过分的大规模地表开发，气候事件显著增多，气候资源利用矛盾突出，气候环境已危害到人体健康，气候容量对人口、经济社会和生态系统的协调发展提出严峻挑战。因此，全社会已经普遍形成了经济生产布局必须适应气候容量规律性认识。

经济生产布局适应气候容量规律告诉人们，实现人与自然和谐不仅是一种理念，更是一种经济活动的生动实践。人类经济活动要遵循气候容量规律，就需要对风能、太阳能、水能、水资源、大气净化能力、大气扩散能力等进行科学评估，也需要对人类各类重大经济活动进行气候可行性论证和气候生态环境论证，更显示出它在生态文明建设中的重要作用，为制定气候容量红线政策提供科学依据。

3.3.2 气候资源周期性引起年经济弹性规律

3.3.2.1 气候资源周期性

气候资源有很多表征，其中气候资源周期性是其表征之一。气候资源是由地球表面通过大气层与外界太空进行能量交换所产生的，地球本身并不产生很多热量，气候资源周期性变化的根源在于地球所接收到的外部辐射总量存在周期性变化。

由于地球自转形成白天与黑夜的日变化周期，相应的气候资源也存在日变化周期。由于地球公转时有倾斜角度，也就是地轴与黄道面的夹角总是保持66°34′，夹角基本不变，这就使得地球无论公转到哪个位置，太阳直射点到达地球的最北和最南界线分别是23°26′N和23°26′S，即太阳直射点始终是在南北回归线之间做周年往返移动。这种地球围绕太阳公转就形成了太阳辐射一年的周期变化，相应的气候资源就有了一年的周期变化。

从气候资源日变化周期看，地球白天区域获取的气候资源多于夜间区域，光资源呈现日周期变化，风也呈一定的日变化。但由于受到云雾雨雪的影响，光风日周期变化也呈不稳定性，而且变化幅度较大。

从气候资源年变化周期看，地球气候资源呈现春、夏、秋、冬的四季变化，中国古代总结为“春生、夏长、秋收、冬藏”发展规律，即循天时之变，一年四季，自然规律表现为春温、夏热、秋凉、冬寒的气候变化。同样由于受到陆地和海洋大气的影响，一年四季的气候资源变化幅度较大，这个变化幅度如果超出人类所能承受的能力，就会造成灾害。

3.3.2.2 气候资源变化周期与经济弹性规律

人类处在自然经济时代，气候资源周期性引起年经济弹性的规律逐步被人类所认识，特别在中国古代，先民不仅很早就认识到这种规律，而且在经济社会生产生活中广泛应用，这种应用既遵循气候资源周期性规律从事生产生活活动，又通过采取各种措施有效降低因气候原因引起的经济弹性影响，把这种弹性控制在社会秩序范围之内。

从客观上讲，人们的经济行为会受到很多客观条件的限制，在自然经济阶段人们普遍认为最大的限制就是自然气候条件，自然气候条件会直接影响到人们经济行为的结果，即经济效益量的扩张与收缩，这就是自然气候条件引起的经济弹性。因此，中国古代一方面通过总结出二十四节气和七十二候，指导人们在生产生活中遵循气候自然规律，极大降低违背气候自然规律的行为；另一方面通过修筑塘堰蓄水、开沟凿渠、精耕细作等措施降低气候对经济生产活动的弹性影响，又通过修仓储粮、积谷防饥、救济施善等措施降低经济生活弹性影响。但气候异常，即天灾一直是自然经济阶段的最大魔咒，当气候异常引发的经济弹性超越人类的设防能力时，就可能引发社会动荡。

经济社会发展到现代，气候资源周期性引起年经济弹性规律同样存在，只不过当今社会调节这种经济弹性规律的能力十分强大，一方面一些工业、非气候资源和气候条件高相关行业生产活动不受气候资源周期性影响；另一方面现代仓储、储藏、物流、设施农业、保险、救济、设防储备、设防基础建设等大大降低了经济弹性影响，这些就是对气候资源周期性引起年经济弹性规律的把握和应用。但从总体上讲，农业与气候资源和气候条件高相关行业的生产，同样应认识到气候资源周期性引起年经济弹性规律，如干旱枯水季节电力生产就会受到限制，电力消费每到高温季节就会达到高峰，其他很多消费生产领域都会受到季节影响。人们经济生产活动只有遵循或科学利用气候资源周期性引起的年经济弹性规律，才可能更好地创造更有效的经济价值。

3.3.3 气候区域经济比较优势规律

俗话说,“一方水土养一方人”,这里的“一方”,指的是某一地域,也可认为是一定的气候区域;“水土”,包括地理位置、气候条件、物候环境;“一方人”,则是长期生活在这一地域的人,不同地域的人,虽然环境不同、生存方式不同、地理气候不同,但都存在相应的气候区域经济比较优势。

3.3.3.1 中国气候区域

从总体上讲,中国气候类型有5种:热带季风气候区、亚热带季风气候区、温带季风气候区、温带大陆性气候区、高山高原气候区。其中热带季风气候区分布在雷州半岛、海南岛、南海诸岛、台湾南部,最冷月的平均温度高于15 ℃,最热月的平均温度高于22 ℃;亚热带季风气候区分布在秦岭—淮河线以南,热带季风气候区以北,横断山脉3000米等高线以东直到台湾省,最冷月的平均温度在0～15 ℃,最热月的平均温度高于22 ℃;温带季风气候区分布在我国北方地区,也就是秦岭—淮河线以北,贺兰山、阴山、大兴安岭以东以南,最冷月的平均温度低于0 ℃,最热月的平均温度高于22 ℃;温带大陆性气候区分布在广大内陆地区,降水量一般低于400毫米,年际温差大;高山高原气候区主要分布在青藏高原和天山山地,高寒缺氧。

根据气候要素的纬向分布特征划分,在同一气候带,气候基本特征相似,太阳辐射变化是气候带形成的基本因素。太阳辐射在地表的分布随纬度增加而递减,不仅影响温度分布,还影响气压、风系、降水和蒸发，使地球气候呈现出按纬度分布的地带性。

3.3.3.2　气候区域的经济比较优势规律

从以上我国气候区域划分可知，每个气候区域气候资源禀赋均不相同，我国传统的农业经济生产在不同的气候区域充分利用区域气候资源，从大范围讲，如降水多的南方水稻区、降水少的华北小麦区、干旱重的西部杂粮区，还有按照土壤积温多、中、少而形成的三季种植区、二季种植区和一季种植区，这些都是体现了气候区域的经济比较优势规律。

农业的生产是自然再生产与经济再生产相结合的过程，任何大中农业生产过程都会受到天气、气候和灾害等自然条件变化的制约，从而可能影响到当地农业生产的比较优势。同时，作物生长过程中面临的极端气候变化，干旱、洪涝、强风等自然灾害，可能会造成一定区域农业生产大幅度减产，带来严重的经济损失。因此，农业生产布局和生产活动必须遵循气候区域经济比较优势规律。人们已经认识到自然生态承载生命、孕育和滋养人类，直接或间接地向人类提供生态福利、生态服务和生活空间，包括新鲜的空气、洁净的水源、适宜的光照、宜人的气候等，自然生态自身固有的创生价值、自净价值和平衡价值，能够维护作为人类家园的地球的绿色和健康，这些方面更是遵循气候区域经济比较优势规律的生动体现。因此，我国提出了立足各生态系统自身条件，遵循“宜耕则耕、宜林则林、宜草则草、宜湿则湿、宜荒则荒、宜沙则沙”的原则，既不能一味放任、屈从生态系统的变化，也不能仅仅按照主观意志对生态系统进行人为干预。党的二十届三中全会决定进一步强调,“健全山水林田湖草沙一体化保护和系统治理机制。”

现代的城市经济生产活动,同样应遵循气候区域经济比较优势规律,因为不同的气候区域水资源、温度、大气自净和扩散能力、气象灾害等分布均有很大差别,如果忽视这些差别,就可能产生许多无效的“不经济”活动,甚至造成重大经济损失。因此,一些违背气候区域经济比较优势规律的活动必然会造成重大经济损失或社会危害。在建筑领域,正是遵循了气候区域经济比较优势规律,提出了不同气候区域的民用建筑标准,因为不同气候区域,其建筑保温设计有很大区别,从而影响建筑生产投入。因此,《民用建筑设计通则》(GB 50352—2005)将中国划分为了7个主气候区,如气候Ⅰ区:严寒地区,1月平均气温≤−10 ℃,7月平均气温≤25 ℃,7月平均相对湿度≥50%;气候Ⅱ区:寒冷地区,1月平均气温−10~0 ℃,7月平均气温18~28 ℃;气候Ⅲ区:夏热冬冷地区,1月平均气温0~10 ℃,7月平均气温25~30 ℃;气候Ⅳ区:夏热冬暖地区,1月平均气温>10 ℃,7月平均气温25~29 ℃;气候Ⅴ区:温和地区,1月平均气温0~13 ℃,7月平均气温18~25 ℃;气候Ⅵ区:严寒地区,1月平均气温−22~0 ℃,7月平均气温<18 ℃;气候Ⅶ区:严寒地区,1月平均气温−20~−5 ℃,7月平均气温≥18 ℃,7月平均相对湿度<50%。同时,根据划分标准对建筑设计适应气候区域温、湿、气、光、风、灾提出了具体要求。

参考文献

程纯枢,1991.中国的气候与农业[M].北京:气象出版社.

董章杭,2011.气候资源的开发利用在经济社会发展中的意义和作用[J].安徽农学通报,17(22):32-35.

弗雷德里克·弗雷里,格扎维埃·勒科克,瓦妮莎·瓦尼耶,2016.普通资源也有竞争力[J].商业评论(6):1672-2582.

姜海如,2006.气象社会学导论[M].北京:气象出版社.

邬明辉,2009.旅游学概论[M].成都:电子科技大学出版社.

吴宜进,2009.旅游资源学[M].武汉:华中科技大学出版社.

席鹭军,2019.科学评价生态产品的经济价值[N].光明日报,2019-07-20(5).

第 4 章　气候资源经济价值核算方法与价值实现

气候资源经济价值核算，不仅能为气候资源保护提供有力支撑，而且还能为气候资源开发利用提供科学依据。人类的生产生活活动几乎不可避免地与气候资源相联系，对气候资源进行经济价值核算有助于在生产生活和气候资源保护与开发利用之间进行取舍。党的十八届三中全会提出，要大力推进生态文明建设，建立“资源有偿使用制度和生态补偿制度”。党的二十届三中全会决定强调“健全生态产品价值实现机制。深化自然资源有偿使用制度改革。”因此，正确认识气候资源经济的价值，总结和归纳气候资源经济价值的核算方法和研究现状，不仅有利于客观、全面认识气候资源和经济的关系，更是落实党的二十届三中全会精神的重要行动，以有效保护和高效可持续地利用气候资源。

气候资源属于非市场物品，有的不具有市场价格，因而很难用一般经济学方法来评价其经济价值大小。但环境经济学最早根据经济学原理对不具有市场价格的有关环境方面的问题作了经济价值方面的评价。环境经济学家认为，除在特殊条件下，市场价格并不一定代表商品或服务的价值。尤其是对于非市场物品，它们本身不存在市场价格，但这并不意味着它们不具有价值。事实上，在市场中，有许多气候资源和气候环境方面的物品或服务被用来进行潜在或前提性交易，在这里消费者权利能够正常行使。在市场中，交易价格表示交换价值。然而，在经济学中，认为对于除边际消费者以外的所有人，使用价值可能比交易价格大，因为有很多的购买者愿意支付比市场价格更高的价格，因此形成了被称为消费者剩余价值。在实际中，消费者剩余价值很少用来确定具有价格的物品的总使用者价值。但是，它却形成了通过估计非价格物品的支付意愿来确定非价格物品价值的方法的理论基础（刘坤 等，2001）。

气候资源具有广阔的价值和价值增值空间，其价值实现涉及气候资源保护和开发利用，气候资源产品生产、经营、服务、消费、监管以及各类配套服务，涉及各类主体的利益关系和利益诉求，需要在各个环节建立相应机制，才能持续有效地实现气候资源经济价值。

4.1　气候资源经济价值核算方法与应用

对气候资源经济作出价值核算，是推动绿色发展的重要基础工作。在有些情况下，气候资源经济的产品和服务能够在市场中进行交易，其价值也较容易确定。但在多数情况下，气候资源经济的产品和服务（特别是前者）并不在任何市场进行交易，如清洁的空气、舒适的生活气候环境、优良的生产气候条件等，尽管这些气候资源经济的产品和服务具有价值，但其价值的确定要比普通商品困难得多。近些年来，随着生态绿色经济发展，推出了许多生态资源经济核算方法，这些方法推广到气候资源和气候环境领域具有很高的适用性。因此，以下主要介绍几种气候资源经济核算可能较适用的方法。

4.1.1 预防性成本法

预防性成本法，也称预防性支出法或规避成本法。预防性成本法度量的是为规避对极端天气、自然环境、基础设施或人类健康造成的伤害而产生的支出，用于反映人们为避免某些行为活动可能对之后生产生活产生破坏或负影响的预先投入。可以说，大到国家、小到个人都有这种因气候极端而产生的预防性投入，诸如个人雨具、防寒衣具、防晒用具等。

这种方法在环境经济学领域的应用可追溯到Ridker(1966)对清洁空气价值的研究，并因其具有较好的理论基础而应用较多。这种方法通常基于一个家庭生产函数，其中，产出为某种消费品（如清洁的饮水），投入要素包括时间、知识和一些购买的商品（如自来水）。若某种投入品（如自来水）的品质下降，就需要投入更多的其他要素（如时间）。因此，预防性成本就可以用增加的其他要素的价值来测度。预防性成本可能并未实际发生，它是一个估计值。预防性成本通常被认为是个人（对预防某种危害的）支付意愿的一个下界（Bartik，1988）。

预防性成本法通常被用于环境污染的价值评估。除Ridker(1966)估计美国全国范围空气污染的成本外，其他研究更多地致力于估计环境污染的局部成本，甚至到家庭层面。如Gerking等(1986)利用家庭层面的微观调查数据估算了圣路易斯大都市区空气污染带来的疾病风险给每个家庭造成的成本；Murdoch 等(1990)则利用美国的相关医疗支出和其他防护支出的统计数据，估计了臭氧层减少影响下，人们为了预防非黑色素瘤性皮肤癌所需增加的支出成本；Abdalla 等(1992)利用宾夕法尼亚州的家庭调查数据估算了地下水污染导致的损害成本。在这几项研究中，预防性成本的估计取决于为避免环境污染伤害所需时间的机会成本，但机会成本的估计并没有确切的方式。Abrahams 等(2000)估计了美国佐治亚州居民为预防水污染风险所承担的成本，这个成本在 2.9 亿～3.5 亿美元。在中国利用预防性支出法进行的实证研究并不多。宋敏(2013)估算了武汉市 2011 年农业生产中农药使用带来的慢性中毒风险引起的预防性支出成本，估计结果为 2360 万元。

在气候资源和气候生态环境领域，可能演化为防护成本法更为实用。防护成本法是指为了消除或减少气候资源和气候生态环境系统退化的影响而投入的防护费用。防护成本法依据的原理是，增加费用用于防护措施，减少或完全阻止了气候资源和气候生态环境系统退化，而避免气候资源和气候生态环境系统退化消极影响所造成的损失，相当于获得的收益。在实际操作中，气候资源和气候环境防护成本核算可能存在很大差别，对其经济价值的反映较为粗略。但是，防护费用法可以将对气候资源和气候环境复杂的计量方法简化为防护措施成本的测算，实际应用较多。

目前，国内外尚没有成型的气候资源或气候生态环境预防性成本核算的模式和方法，但无论是现代大规模城市建设，还是重大项目开发与建设都需要考虑气候资源和气候环境问题。在某种意义上，气候资源或气候生态环境预防性成本一部分是可核算的，包括先期投资和维持性投资；另一部分则可能难以核算。以现代大规模城市建设为例，从大的方面讲，必须考虑雨水排放设计（考虑当地降水量的排放）、城市绿地绿化设计（考虑城市居民气候舒适度）、城市和楼宇气流通道（考虑城市浊气扩散和污染排放）和维持性大气环境治理等，这些都是城市建设必须考虑的气候因素，从勘测、设计到建设，甚至维护都需要支付成本，这些成本其实从一定意义上可以理解为气候环境可能受到影响而实际支付的预防性成本（C_{PC}），即可形成以下公式：

$$C_{TC}=C_{PC}+C_{MC}+C_{UC}$$

式中，C_{TC}为气候资源和气候生态环境的总成本价值，C_{PC}为实际支付的预防性成本，C_{MC}为日常维持性成本，C_{UC}为不可预估性成本。在城市建设实际操作中，往往认为许多不可预见的风险等于零，因此，C_{UC}就等于零。实际上正因为C_{UC}具有不可预估性，则使气候资源和气候生态环境的总成本价值核算起来非常困难，而且在实际建设运用中往往具有降低C_{PC}倾向，从而更是增加了C_{UC}，实际上是大大增加了现代城市风险。这也是有许多城市年年被洪水淹没或者不断演化为城市浊岛、霾岛、热岛效应的客观原因。因为一些城市设计和建设时预防性成本投入严重不足，城市排放没有预留空间，绿地绿化没有考虑人的气候舒适度，更没有考虑城市气流通道，不仅留下建设遗憾，而且若改进还必须支付更大成本。

对现代气象灾害应急管理而言，预防性支出成本更具实践指导意义，每一个单位和社区都应当有灾害性天气的预防性支出成本，诸如应急设施、应急场地建设和维护成本，应急人员培训和时间成本，单位员工和社区居民应急演练成本等，如果缺失相应成本支出，一旦遭遇极端天气就将可能造成巨大经济损失。因此，对一个地区而言，则有：

每年气象灾害预防性支出成本＝(应急设施成本＋应急场地建设成本)/N＋每年维护成本＋每年应急人员培训和时间成本＋每年单位员工和社区居民应急演练成本＋应用管理成本

式中，N 为建设总成本年度分摊。

每年气象灾害预防效益(经济)＝一年一次或多次极端天气造成的经济损失－气象灾害分年预防性支出成本

这个公式对多数地区主要是一种理论性测算。因为极端天气往往可能 3 年、5 年发生一次，特大气象灾害可能 10 年、20 年发生一次。因此，气象灾害预防性支出成本发挥效益具有更长的周期，这也是造成少数决策者不够重视气象灾害预防性支出成本的原因之一。

4.1.2 替代成本法

替代成本是指恢复或者替代生产性资产、自然环境、气候生态、人类健康等所需的成本，如将一个被污染的湖泊恢复到二类水质所需的一系列工程费用。

替代成本法通常用于测度环境退化和气候生态退化的影响。替代成本法在一定程度上要比预防性成本法更具优势，因为它是对某种影响的客观评估，即该影响是已经发生的或者至少是已知的。替代成本法本是会计核算中的一种方法，很早就被应用到环境经济学中。

欧洲广泛运用替代成本法进行环境或生态服务的价值评估。Kuttunen等(2006)的研究报告列举了10个案例,这些研究发现:在德国和罗马尼亚,河坝建设导致湿地被永久淹没、生物多样性减少和水质恶化,严重损害了多瑙河的生态系统服务功能。估计显示,消失的湿地可提供的旅游服务价值为1600万美元,渔业的损失是1600万美元,为获得饮用水所需增加的河水处理成本为1300万美元。在希腊,恢复卡拉(Karla)湖曾经的面貌(现在已变成农田)大约需要1.52亿欧元。在瑞典,近海水域的富营养化导致了商业鱼类的供给量和调节服务的效率下降,而将斯德哥尔摩附近海域的能见度提高1米的成本高达600万～5200万欧元,恢复卡特加特海峡和斯卡格拉克海峡这一海域的渔业资源的供给服务则需要600万～800万欧元/年。

在国内也有利用替代成本法进行气候资源和气候生态环境经济价值评估的研究。如王艳等(2006)估算了山东省水环境污染的经济损失,根据各河流的径流量、污染程度和化学需氧量3种污染物的处理成本,计算得到1999年山东省水污染损失约为55亿元,约占山东当年GDP的0.72%。但其考虑的污染物种类较少,对3种污染物总量的计算也较为粗略。为了得到更精确的河流污染的环境成本,可以先分别计算河流污染给渔业、生物多样性、饮水和农业灌溉等造成的损害成本,然后进行加和。

赵越等(2006)估算了北京市民为获得安全饮用水所支付的成本,包括使用桶装水和过滤净化自来水的成本,估计2005年全市居民的总成本为 5600 万元。曹建军等(2008)估算出甘肃省玛曲县的草场恢复成本是 3.5 亿元(草场由于超载放牧、鼠害和虫害而严重退化)。他们实际上是用牧民的支付意愿和接受意愿来估算草场的恢复成本。

替代成本法使用简单,可操作性强,也比较适用于气候资源和气候生态环境的社会净效益不能直接估算的情况。诸如开发一大片水域湿地,将其用途改变为农耕地,就必须改变这一水域的气候资源和气候生态环境分布,如果运用替代成本法预估核算这一水域的气候资源和气候生态环境社会经济效益价值,则可用以下两个公式:

$$V_{EB_1}=C_{RC}=C_{投}+C_{维}\times T \tag{4.1}$$

$$V_{EB_2}=(I-C_{投}/T-C_{年})T \tag{4.2}$$

式中,V_{EB_1} 和 V_{EB_2} 分别为两种不同情景下气候资源和气候生态环境社会经济效益价值,C_{RC} 为恢复性成本总投入,$C_{投}$ 为恢复的一次性总投入,$C_{维}$ 为每年维护恢复的投入,T 为恢复时间(设为 20 年),I 为水域湿地改为农耕地的总收入,$C_{年}$ 为每年农业生产性投入和非生产性投入。

由式(4.1)可知,在恢复情景下,气候资源和气候生态环境社会经济效益价值为:恢复的一次性总投入+(每年维护恢复的投入×恢复时间 20 年)。

由式(4.2)可知,放弃农耕地效益而在恢复情景下,气候资源和气候生态环境年度社会经济效益价值为:年度农耕地的总收入-(上一年度分摊成本+年度生产性投入+年度非生产性投入)。

按照人们经济效益可计算部分,$V_{EB_2}>V_{EB_1}$,这样就会激发人们改湿地为农耕地的积极性，但从现代科学分析，V_{EB_2} 价值的多余部分正是 V_{EB_1} 气候资源和气候生态环境损失部分。如果 V_{EB_2} 价值的多余部分正好与 C_{RC} 相等，即说明湿地开发的最后社会效益平衡为零，如果 $C_{RC}>V_{EB_2}$，则说明湿地开发为负社会效益。

森林对保护气候生态环境的作用已经得到社会广泛认可，那么如果计算森林对大气净化经济效益，可以应用成本替代法。森林净化大气成本，可根据单位面积森林吸收污染物量和滞尘量，计算森林吸收的污染物总量和滞尘总量，如用器械成本替代法和排污成本替代法来计算，有计算公式：

$$C_{净}=K_iQ_iA$$

式中，$C_{净}$ 表示森林年净化大气成本，单位：元/年，K_i 表示各类器械吸收污染物的投入费用及各类污染物的治理费用，单位：元/年，Q_i 表示单位面积森林年吸收 SO_2、HF 及 NO 以及滞尘量，单位：元/千克，A 为主要森林总面积，单位：公顷。

4.1.3　影子工程法

影子工程法也称替代工程法，是用建造新工程的成本估算目标生态系统的生态价值，实质上是恢复成本法的一种特殊形式。影子工程法依据的原理是采用人工建造一个工程来代替原有生态系统发挥服务功能，其所消耗的成本即生态系统的生态价值。

影子工程法比较适用于气候环境和生态系统成分复杂、发挥功能机理复杂、影响生态价值因素较多且影响系数不容易确定的情况。一个生态系统涵养水源的生态价值难以量化，但是可以采用修建水库或拦水堤坝实现同样拦蓄总量，则替代工程的造价就是这一生态功能的价值。如欧阳志云等(1999)估算出中国森林和草地拦截泥沙，减少江河湖库淤积损失为154亿元。

影子工程法在气候资源和气候生态环境领域评估核算其经济社会价值也有一定的实用性。如通过实施人工影响天气而造成自然降水量增加，其增加部分就可能通过水库建设工程的方法进行经济社会效益评估。如“十五”期间，我国已有1952个县(包括兵团、农垦单位)开展了高炮、火箭增雨防雹作业；24个省(区、市)实施飞机人工增雨作业，累计飞行作业2840架次、7130余小时；增雨作业区面积300万平方千米，累计增加降水量约2100亿立方米，年平均增加降水量约420亿立方米。根据2009—2019年降水量与水资源量(不含地表、地下水资源重复量)转化比例(34%)关系推算，即有人工影响天气形成的水资源量年平均为$420\times10^{8}\times34\%$(142.8亿立方米)，约占2010年大型水库容量5594亿立方米的2.55%(当年全国大型水库552座)，如果用影子工程法估算，相当于兴建10亿立方米大(Ⅰ)型水库14.28座，则可估算人工影响天气的经济社会效益，即

$$V_{EB_{年效}}=V_{EB_{年总}}-C_{固}/T-V_{CC} \tag{4.3}$$

式中，$V_{EB_{年总}}=R\times V_{UC}$，$C_{固}/T$=(购买高炮和火箭成本)/(10年)，$V_{CC}$为当年高炮弹、火箭弹消耗成本和人员等运维成本，$V_{EB_{年效}}$为扣除所有成本后增值经济社会效益，$V_{EB_{年总}}$为按照影子工程法利用我国大型水库工程每立方米平均造价，计算开发云水气候资源增加降水量经济社会效益，R为增加降水量，V_{UC}为大型水库工程每立方米平均造价，有人认为V_{UC}为7.61元/米^3(王金龙 等，2016)，也有人认为V_{UC}

为 5.714 元/米^3(王洪亮 等,2010)。因此,在“十五”期间,有人认为 $V_{EB_{年总}}=142.8\times10^8$ 米$^3\times7.61$ 元/米$^3\approx1086.71\times10^8$元,也有人认为 $V_{EB_{年总}}=142.8\times10^8$ 米$^3\times5.714$ 元/米$^3\approx815.96\times10^8$元。

如果扣除 $C_{固}/T+V_{CC}$,即 $C_{固}/T+V_{CC}=1.28$ 亿元$+10.2$ 亿元$=11.48$ 亿元(根据有关机构统计,“十五”期间全国高炮年平均 6953 门,火箭 5833 架,门(架)单价均按照 10 万元,分 10 年折旧分摊成本,故 $C_{固}/T$ 为 1.28 亿元;2009 年、2010 年全国人工影响天气投资分别为 9.4 亿元、11.0 亿元,故 V_{CC} 为 10.2 亿元),$V_{EB_{年总}}$ 则分别为 1086.71 亿元、815.96 亿元,即“十五”期间人工影响天气增雨经济社会效益在 509.80 亿~1086.71 亿元,投入与效益比为 1∶71.08~1∶95.75(不包括防雹减少经济损失及农田雨养效益)。

同样以影子工程法估算,2020 年,全国人工影响天气增雨量累计达到 367.8 亿吨,折算水库水资源为 367.8×34%=125.052 亿吨,相当于建 10 亿立方米大型(Ⅰ)水库 12.5 座,即按照建造 12.5 座水库的成本折算其经济价值(2020 年水库建设成本需要增加物价指数),扣除 2020 年全国飞机人工增雨作业 1149 架次、高炮 5562 门、火箭 7122 架,消耗炮弹 54.5 发、火箭弹 15.1 发、烟条 2.8 根等年消耗成本和人工成本,另加防雹效益 124.3 亿元,将其当年经济效益代入式(4.3)+防雹效益,即可进行估算。

4.1.4 意愿调查法

意愿调查法又称意愿调查价值评估法,是一种基于调查的评估非市场物品和服务价值的方法。这种方法被普遍应用于公共品的定价和评估，公共品具有非排他性和非竞争性的特点，在现实的市场中难以给出其确定的价格。气候资源、气候生态环境和公共气象信息物品就是较好的实例，对其经济价值评估采用意愿调查法也非常适用。

意愿调查法对被调查者而言，可分为陈述性偏好法和显示性偏好法。陈述性偏好法则是直接让消费者表达其对某种产品或服务的评价或支付经费的意愿，当市场信息难以获得时，一般采用陈述性偏好法；显示性偏好法是根据消费者的购买行为来推测消费者的偏好，估计其对某种产品或服务的评价（史丹 等，2016）。

（1）陈述性偏好法（史丹 等，2016）。

最常用的意愿调查法是陈述性偏好自愿付费的方法。陈述性偏好法基于个人陈述对环境产品或服务的支付意愿或接受意愿来进行价值评估，它是目前气候资源、气候生态环境和气候信息资源的经济价值评估大多采用的评估方法。如以评估某一免费开放的气象公园的价值为例，可以通过随机调查的方式询问游客每年愿意支付多少钱来游览，用游客的平均支付意愿乘以每年的游客总数，就可以大致估算出该气象公园对于游客的总价值。陈述性偏好法还可以对气候资源和气候生态环境的变化进行价值评估，甚至在变化没有发生时也可以进行（即事前评估）。它允许假想的政策情景或自然状态，而不用考虑当前或过去的制度安排。

陈述性偏好法可以追溯到 Davis（1963）对美国缅因州林地的娱乐价值的研究。在国外，陈述性偏好法多用于生物多样性保护的价值估算。Christie 等（2006）注意到许多研究专注于特殊物种的价值评估，每个物种对于每个家庭每年的价值的估计范围是 5～126 美元，多物种则在 18～194 美元。Macmillan 等(2004)研究了苏格兰野生鹅保护的收益与成本，其中对收益的估算也使用了陈述性偏好法。他们的研究还发现，公众通常愿意为保护濒危物种支付一小笔额外的税收，但当地居民并不情愿。Hanley 等(1991)研究了人们对苏格兰高地石南(一种小乔木)的评价，Garrod 等(1994)研究了英国诺森伯兰郡野生动物协会会员们对于新增自然保护区的支付意愿，Willis 等(2008)研究了公众对英国各种林地生物多样性的评价，这些研究都使用了陈述性偏好法。其他一些研究评估了公众对于阻止生物多样性减少的支付意愿，例如，Macmillan 等(1994)估算了苏格兰某一区域的居民对减少酸雨的支付意愿，结果为 247～351 英镑/年。

在国内，彭文静等(2014)估算人们对太白山国家森林公园的支付意愿为 39 元/人，游客总的支付意愿为 930 万元/年。谭雪等(2015)分析了建德市居民对千岛湖配水工程生态环境影响的支付意愿，对 610 份调查问卷的分析显示，人们的支付意愿为 377～542 元/年，总的支付意愿为 5.8 亿～8.3 亿元，这远远高于该工程的环境影响评估报告所述的 3.7 亿元。张莉等(2015)的问卷调查结果显示，2013 年北京市民对于绿色住宅的支付意愿是 459 元/米^2。

根据 Bateman 等(2004)的研究，选择陈述性偏好法取决于所需的价值类别(即总价值还是相对值)、信息的可得性(是否有更多文献)、认知过程和抽样方法(每个人的问题回答数量)。Freeman(2014)对陈述性偏好法持谨慎而乐观的态度，并认为其他人倾向于采用陈述性偏好法，因为它是获得环境资源使用价值的一种相对容易且并不昂贵的方法。

这种方法也是评价气象信息资源经济社会效益经常采用的方法。公众天气预报是不收费的，假设气象部门根据公众的需求为其提供全方位的气象服务，从 2021 年公众陈述性偏好法情况分析(《中国气象局发展报告 2022》编委会，2022)，公众对气象服务的支付意愿为，52.3%的公众愿意每月支付 1～50 元，2.2%的公众愿意每月支付 50 元以上，45.5%的公众不愿意支付费用。经评估测算，公众平均愿意支付的金额为 107 元/人/年，全国公众的气象服务支付意愿为 1511 亿元。

2021 年，气象服务为超过 5 成的公众避免或减少过一定的因气象灾害造成的经济损失。根据气象服务为公众避免或减少因灾的损失调查结果，60.6%的公众认为气象服务为个人及家庭避免或减少了一定的经济损失，其中，选择“1～10 元”和“101～500 元”的人群比例相对较高，分别为 25.3%和 12.7%，同时，需要注意的是，避免损失在 1 万元以上的人群比例达 5.9%。经核算，气象信息在 2021 年为我国城市公众挽回因灾损失约 350 元/人，为农村公众挽回因灾损失约 548 元/人。利用减少损失法测算公众气象服务效益，经评估，2021 年，气象信息为我国公众挽回的因灾损失总额 5300 余亿元。

有专家对空气质量改善价格进行过意愿性调查。如 2020 年有团队以大多数城市空气污染首要污染物 $PM_{2.5}$ 的降低为表征，对长沙、南京、石家庄、济南等地 18 岁以上的常住居民进行了支付意愿调查。他们的研究确定了一个价格范围(每月 0～1000 元)，并将每一价格纳入 5 个水平的不确定意愿程度(肯定不支持、可能不支持、不确定、可能支持和肯定支持),结果发现,居民的意愿与价格高低显著相关,符合经济学原则。例如,长沙市居民在系列价格上回答“肯定支持”的受访者比例由 0 元时的 93%很快下降到 20 元时的 50%。在 150 元的价格上,仅有不到 8%的居民给予非常肯定的回答,而到每月 500 元时,该比例仅约为 1%(冯丽妃,2023)。

(2)显示性偏好法(史丹 等,2016)

最常用的两种显示性偏好法包括特征价格法和旅行成本法(也称旅行费用)。特征价格法估计的是某种环境物品的经济价值,比如,清洁空气或者是引人入胜的风景。这种估计通过研究各种环境属性与房价之间的关系来完成。例如,一个依山傍水小区的房价与另一个既不依山也不傍水小区的房价的差异就可以用来反映依山傍水这一环境特性的价值。

这里需要假设小区的其他属性(如交通便利性、购物便利性、孩子上学便利性等)相同,当其他属性不相同时,就需要首先估计这些属性对房价的影响;剔除其对房价的影响之后,依然存在的房价差异就可以视为依山傍水的价值。特征价格法已应用于估算与娱乐、景观价值、基因以及生物多样性相关的生态环境系统的价值,还特别地应用在视觉享受、土壤资产质量和暴露于空气污染的价值评估方面,其在环境经济学领域的应用可追溯到 Ridker 等(1967)关于空气污染对住房价格影响的研究。这种方法对气候资源和气候生态环境也可适用,以中部某省一城市商品房起价 3200 元/米^2 为例,南北和江景差价各为 40 元/米^2(黄金国,2010)。在我国长江以北地区,朝南向与无朝南向商品房每平方米价位差为 0.5%～1.5%,这个差价就是房间采集阳光的价值，此外，朝向为江景、湖景差价也可算作气候资源观景价值（黄金国，2010）。

旅行成本法通过分析参观旅游景观的一般化旅行成本（包括门票价格、交通费用等）来估计其经济价值。简单地说，当某人选择了一次旅行时，收益必定大于成本，因此这次旅行的成本可以视为他（她）对该旅游资源评价的下界。该方法通过使用一系列经济和统计模型导出对某一旅游景观的需求曲线，从而确定消费者剩余，然后进行价值评估。当个人作出涉及不止一个景观的选择时，就可以使用随机效用理论框架下的离散选择模型来评估参观不同景观的价值，或者这些景观的各种属性（如湖泊的水质、森林中的某种动物）的价值。

旅行成本法的应用也很广泛。国外的相关研究包括 Smith 等（1980）、Mckean 等（1995）、Poor 等（2004）等对自然或文化景观的价值评估。其中，Poor 等（2004）研究了美国马里兰州圣玛利亚城文化遗址的价值。国内也有许多学者应用该方法进行相关研究，大部分是对风景区的旅游价值评估。如李巍等（2003）对九寨沟旅游价值的评估，刘亚萍等（2006）对武陵源风景区的研究，王喜刚等（2013）对大连老虎滩海洋公园的研究，高进云等（2014）对天津市郊区休闲农庄的研究，彭文静等（2014）对太白山国家森林公园使用价值的估计等。

总之，显示性偏好法与陈述性偏好法并不冲突，它们也经常被同时使用。Carson 等（2001）对陈述性偏好法和显示性偏好法进行了比较研究，他们对比了 1966—1994 年的 83 项研究，发现陈述性偏好法的估计值低于显示性偏好法的估计值，前者比后者大约低 30%。

应用陈述性偏好法和显示性偏好法各有千秋，将其组合到一起，可以为环境产品和服务的价值评估提供一个非常有用的工具箱。

4.1.5 条件价值评估法和选择实验法

(1)条件价值评估法(焦扬 等，2008)

条件价值评估法(CVM)是在假想市场的情况下，直接调查和询问人们对某一环境效益改善或资源保护措施的支付意愿，或者对环境或资源质量损失的接受赔偿意愿，以此来估计环境效益改善或环境质量损失的经济价值。条件价值评估法可用于评估环境物品的利用价值和非利用价值，并被认为是可用于环境物品和服务的非利用价值评估的唯一方法(Loomis et al.，1997)。

CVM是近年来国内外用于推导公众对环境资源的支付意愿或补偿意愿，从而获得资源环境的娱乐、选择、存在价值等非使用价值的标准方法(Bishop et al.，1981)。1984年美国加州大学农业资源经济学系Hanemann教授建立了CVM与随机效用最大化原理的有效联系，为CVM奠定了经典经济学基础。进入21世纪后，CVM成为国外价值评估领域最受青睐的技术方法之一。

中国在生态环境价值评估领域的CVM应用，还处于起步阶段。薛达元(2000)采用费用支出法、旅行费用法和条件价值法对长白山自然保护区生物多样性的间接使用价值、非使用价值、旅游价值进行了详细的分析与评价，这项工作对国内后来的环境价值评估起到了推动作用。陈仲新等(2000)对中国的生态系统效益价值进行了初步评价，研究表明，中国生态系统效益的总价值为77834.48亿元/年，与国内生产总值的比值为1.73∶1,与世界平均水平接近。

中国从事生态系统服务价值评估的研究人员以生态与环境领域的专家学者为主,中国科学院生态环境研究中心的郑华等(2003)对中国陆地、陆地地表水、草地、森林、海南岛等大尺度区域的生态系统服务进行了价值评估;中国科学院地理科学与资源研究所的谢高地等(2003)对大尺度区域生态系统服务的结构体系和经济核算展开了大量的实证研究,分别评价了中国自然草地、青藏高原、青海草地、稻田生态系统等群落生态系统的经济价值。中国科学院兰州寒区旱区环境与工程研究所主要研究条件价值评估法的理论与应用,例如,陈仁升等(2003)对黑河中上游的甘肃张掖和黑河下游的内蒙古额济纳旗两个地区的生态恢复进行实地调查,获得了支付意愿,并进行了区域生态恢复的总经济价值评估。为有效指导生态系统生产总值气象价值评估,中国气象服务协会组织制定了《生态系统生产总值气象价值核算技术指南》,提供了生态系统生产总值气象价值的核算步骤、物质量核算方法、定价方法、价值量核算方法、核算数据来源等方面的指导,同时组织开展《天气气候景观观赏地评价》和《气候康养旅居地适宜指数评价》标准与规划研究。

(2)选择实验法(史丹 等,2016)

这种方法通过询问个人对备选方案的选择来引出他们对某些环境特性的价值判断信息。例如,给受访者A房或B房两种选择,除了所在小区的绿化环境外,两套房子本身的特征几乎完全相同,只是A的租金比B高300元/月;如果某人选择了A而不选择B,则表明其对A所在小区独特环境的评价至少是300元/月。选择实验方法早期主要应用在市场营销和心理学等领域，其在环境经济学方面的应用可追溯到 Adamowicz 等(1994)的研究。

选择实验法非常适合研究人们对环境物品或气候条件不同属性的评价和支付意愿。例如，就公园而言，人们更看重的究竟是它的晨练价值还是观赏价值？Adamowicz 等(1994)利用选择实验法研究了人们对于水文景观的偏好价值，他们通过问卷询问被调查者对具有不同属性的水文景观的选择来判断和计算他们的支付意愿，这些属性包括该景点的距离、钓鱼的收获率、是否可游泳等，当然还包含门票价格或每天的费用。

马爱慧等(2013)设计了一套问卷试图揭示相关利益主体对于耕地生态补偿政策的接受程度和可能反应，结果显示，农民对于耕地周边景观与生态环境的在乎程度高于对耕地肥力的在乎程度，而市民对于生态环境改善的支付意愿远高于农民。李京梅等(2015)评估了胶州湾湿地围垦造成的生态效益损失，结果显示，每户居民对于湿地的水质、生物多样性等 4 种属性的总支付意愿约为 321 元/年，据此测算出围垦导致的生态效益损失约为 7.7 亿元/年。

选择实验法对于气候资源和气候生态环境同样具有适用价值，就农田农地而言，用于种植业的农田农地价格涉及气候资源，以及用水、采光、保温、通气和避风问题，租用一块气候资源优越的农田农地可高出 5%～20%的价格，甚至更高。如冷浸田减产问题，据研究，冷浸田水稻产量比一般稻田低 1500～2250 千克/公顷(熊明彪 等，2002)，即每亩低 100～150 千克，占每亩产量的 25.0%～37.5%，每亩减少的经济价值则为当年水稻价(元/千克)×(100～150 千克)/

2。由此，就不难理解农村上等田、中等田与下等田气候资源之差别，这种对农田气候资源评估方法在我国农村早就已经应用。冷浸田主要是光照、通风和地下浸冷问题，显然属于气候资源不佳或难以利用问题。全国冷浸田约有346万公顷，占稻田面积的15.07%（曾建新等，2022），由此可评估全国冷浸田气候资源不能充分利用而造成的水稻损失平均为：

346万公顷×（1500千克/公顷＋2250千克/公顷）/2＝648750万千克，即64.875亿千克，全国每年因冷浸田水稻减少产量近64.9亿千克。

4.2 气候资源初级经济价值量分析

4.2.1 气候资源实物量

气候资源实物量是指气候资源中作为资源部分的实物量，既可以直接以物理量表示，也可以用潜在生产力水平表示。主要的气候资源实物量包括太阳辐射总能量、气候积温资源量、气候降水资源量、气候风力资源量、农业气候生产潜力资源量、气候环境实物量。

（1）太阳辐射总能量

每年到达中国陆地表面的太阳辐射总能量约为5.28×10^{16}兆焦耳（或1.47×10^{16}千瓦时），太阳辐射总功率约为1.68×10^{9}兆瓦，大约相当于2010年全国一次能源消费总量（约9.74×10^{13}兆焦耳）的542倍。全国单位面积年太阳总辐射量约为1500千瓦时/米^2。根据最新太阳能量监测，2021年全国陆地表面平均的水平面总辐照量为1493.4千瓦时/米^2，较近10年（2011—2020年）偏低19.3千瓦时/米^2。我国太阳能资源分布及理论经济价值状况详见表4.1。

表4.1 我国太阳能资源分布及理论经济价值状况

	年日照时数/小时	年辐射总量/（兆焦/（米^2·年））	理论能量/（千瓦时/（米^2·年））	理论经济价值/（元/（米^2·天））	主要地区
一类地区（丰富区）	3200～3300	6690～8360	1860～2330	（1860～2330）/365天×当年电价（元/度）=（5.1～6.4）度×当年电价（元/度）	青藏高原、甘肃北部、宁夏北部和新疆南部
二类地区（较丰富区）	3000～3200	5852～6690	1630～1860	（1630～1860）/365天×当年电价（元/度）=（4.47～5.1）度×当年电价（元/度）	河北西北部、山西北部、内蒙古南部、宁夏南部、甘肃中部、青海东部、西藏东南和新疆南部
三类地区（中等区）	2200～3000	5016～5852	1390～1630	（1390～1630）/365天×当年电价（元/度）=（3.81～4.47）度×当年电价（元/度）	山东、河南、河北东南、山西南部、新疆北部、陕西北部、甘肃南部、广东南部、福建南部、江苏北部、安徽北部
四类地区（较差区）	1400～2200	4180～5016	1160～1390	（1160～1390）/365天×当年电价（元/度）=（3.18～3.81）度×当年电价（元/度）	长江中下游、福建、浙江和广东一部分地区
五类地区（最差区）	1000～1400	3344～4180	933～1160	（933～1160）/365天×当年电价（元/度）=（2.56～3.81）度×当年电价（元/度）	四川、贵州

根据2021年太阳辐射观测数据分析，各省（区、市）2021年水平

面总辐照量平均值为1368.94千瓦时/米²，西藏最高，为1920.11千瓦时/米²，重庆最低，为981.01千瓦时/米²（图4.1）。

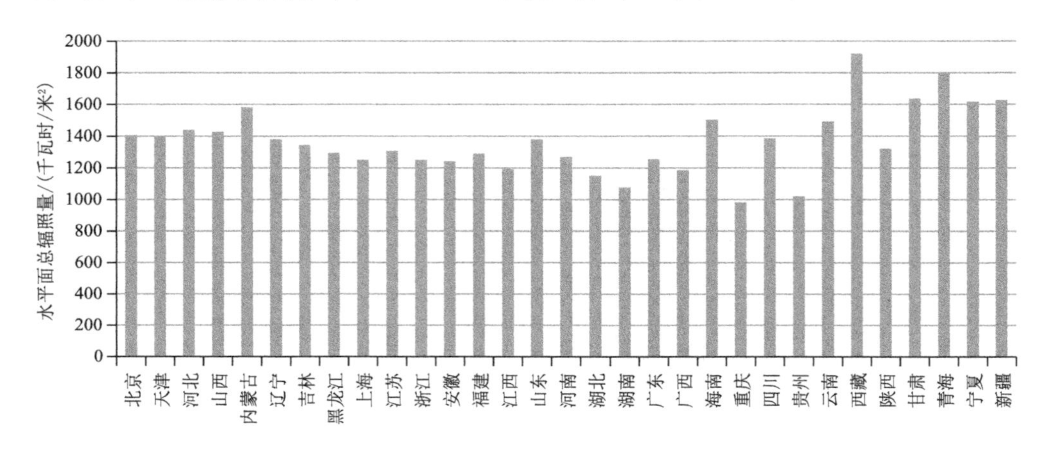

图4.1　2021年全国水平面总辐照量

（2）中国气候积温资源量

以≥10 ℃积温划分，中国既有>8000 ℃·日的热带气候区域，也有<1600 ℃·日的寒带气候区域，如表4.2所示。

表4.2　中国气候积温分布及对应耕作状况（中国气象局发展研究中心，2015）

气候带	≥10 ℃积温/（℃·日）	生长期/日	分布范围	耕作制度	主要农作物	气候积温理论经济价值/（元/（亩·年））
热带	>8000	365	海南全省和滇、粤、台三省南部	水稻一年三熟	水稻、甘蔗、天然橡胶等	水稻亩季单产×3（季）×当年水稻平均单价－亩均直接物化成本（种、肥、药，下同）
亚热带	4500～8000	220～365	秦岭—淮河以南，青藏高原以东	一年二至三熟	水稻、冬麦、棉花、油菜等	水稻亩季单产×2（季）×当年水稻单价－亩均直接物化成本
暖温带	3400～4500	170～220	黄河中下游大部分地区及南疆	一年一熟至两年三熟	冬麦、玉米、棉花、花生等	小麦亩单产×1.5×当年小麦单价－亩均直接物化成本

续表

气候带	≥10 ℃积温/(℃·日)	生长期/日	分布范围	耕作制度	主要农作物	气候积温理论经济价值/(元/(亩·年))
中温带	1600～3400	100～170	东北、内蒙古大部分地区及北疆	一年一熟	春麦、玉米、亚麻、大豆、甜菜等	小麦亩单产×1×当年小麦单价－亩均直接物化成本
寒温带	＜1600	＜100	黑龙江北部及内蒙古东北部	一年一熟	春麦、马铃薯等	小麦亩单产×1×当年小麦－亩均直接物化成本
青藏高原区	大部分地区＜2000	0～100	青藏高原	部分地区一年一熟	青稞等	青稞亩单产×1.5×当年青稞单价－亩均直接物化成本

(3)中国气候降水资源量

全国常年平均降水量为629.9毫米，合计60470亿立方米，即60470亿吨，降水量既有＞800毫米的湿润气候区域，也有≤200毫米的干旱气候区域，如表4.3所示。

表4.3 中国气候干湿地区分布(中国气象局发展研究中心,2015)

干湿地区	干湿状况	分布地区	气候和生物特征	理论经济价值量/(元/(米²·年))
湿润地区	年降水量＞800毫米，降水量＞蒸发量	秦岭—淮河以南地区、东北三省东部和青藏高原东南边缘	气候湿润，能生长森林	＞0.8立方米×当年吨水价(元/米³)×45%(资源转化率，下同)
半湿润区	400毫米＜年降水量≤800毫米，降水量＞蒸发量	东北平原、华北平原、黄土高原南部和青藏高原东南部	气候较湿润，能生长草原和森林	
半干旱区	200毫米＜年降水量≤400毫米，降水量＜蒸发量	内蒙古高原、黄土高原和青藏高原大部分	气候较干燥，主要为草原	
干旱区	年降水量≤200毫米，降水量＜蒸发量	新疆、内蒙古高原西部、青藏高原西北部	气候干旱，主要为荒漠	＜0.2立方米×当年吨水价(元/米³)×45%

(4)气候风力资源量

根据2021年风能资源量评估,2021年,全国10米高度年平均风速较近10年(2011—2020年)偏高0.18%,属正常略偏大年景,但空间分布不均,地区差异性较大。全国70米高度平均风速均值约为5.5米/秒,从空间分布看,当年平均风速大于6.0米/秒的地区主要分布在东北大部、华北北部、内蒙古大部、宁夏中南部、陕西北部、甘肃西部、新疆东部和北部的部分地区、青藏高原大部、云贵高原和广西等地的山区、东南沿海等地。其中东北西部和东北部、内蒙古中东部、新疆北部和东部的部分地区、甘肃西部、青藏高原大部等地年平均风速达到7.0米/秒,部分地区达到8.0米/秒以上。当年全国70米高度年平均风功率密度为196.7瓦/(米^2·年)。全国100米高度平均风速均值约为5.8米/秒,从空间分布看,平均风速大于6.0米/秒的地区主要分布在东北大部、内蒙古、华北北部、华东北部、宁夏中南部、陕西北部、甘肃西部、新疆东部和北部的部分地区、青藏高原、云贵高原和广西等地的山区、中东部地区沿海等地,其中东北西部和东北部、内蒙古中东部、新疆北部和东部的部分地区、甘肃西部、青藏高原大部等地年平均风速达到7.0米/秒,部分地区达到8.0米/秒以上。当年全国100米高度年平均风功率密度为234.9瓦/(米^2·年)(图4.2)。

(5)农业气候潜力生产资源量

农业气候潜力生产资源量是指一定气候区域在土壤、作物品种、群体结构、农业技术措施均处于最适宜状态时,由单位土地面积上光、热、水、汽等气候资源决定的可能产出的有机物总产量,即气候光

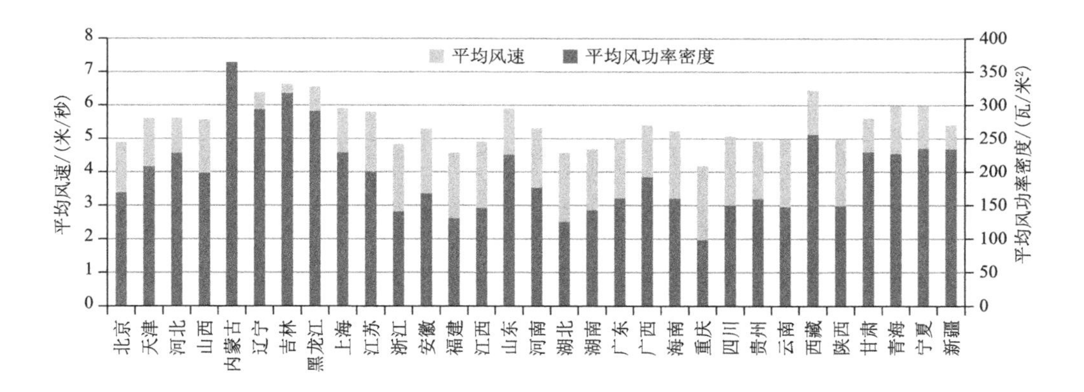

图 4.2　2021 年全国各省(区、市)100 米高度层风能资源均值

温水潜力生产。其综合估算公式为 $a_{YW}=b_{YPT}\times P/E_e$。$a_{YW}$ 为气候潜力生产(千克/亩),b_{YPT} 为光温潜力生产(千克/亩),P 为可能供水量(毫米),E_e 为作物可能蒸散量(毫米/天)(《大气科学词典》编委会,1994)。经过估算,中国长江三角洲潜力生产值可达 3250～3750 千克/亩,长江中下游平原、珠江三角洲的潜力生产值可达 2750～3250 千克/亩;内蒙古草原、天山北部山间盆地、青藏高原的潜力生产值为 250～750 千克/亩(黄秉维,2003)。其他地区的潜力生产值处于最高与最低之间。

(6)气候环境实物量

气候环境实物量是指气候资源中作为环境部分的实物量,既可以直接用容量单位表示,也可以用生态和人类气候适应度表示,包括大气环境安全容量和生态安全气候适应度。

大气环境安全容量是指在满足大气环境目标值(即维持生态平衡并且不超过人体健康要求的阈值)的条件下,某区域大气环境所能承纳污染物的最大能力,或所能允许排放污染物的总量。世界卫生组织(WHO)对漂浮颗粒物制定的准则为:直径小于 2.5 微米($PM_{2.5}$)的颗粒年平均浓度不超过 10 微克/米^3,24 小时平均浓度不超过 25 微克/米^3;直径小于 10 微米(PM_{10})的颗粒年平均浓度不超过 20 微克/米^3,24 小时平均浓度不超过 50 微克/米^3。鉴于一些国家和地区需要经过努力才能实现准则的要求,WHO 对这些国家和地区提出了三阶段的过渡时期目标(IT-1、IT-2、IT-3),如表 4.4 所示。

表 4.4 WHO 关于漂浮颗粒物的空气质量准则和过渡时期目标(年平均浓度)①

	PM_{10}/(微克/米^3)	$PM_{2.5}$/(微克/米^3)		选择浓度的依据
	年平均浓度	24 小时平均浓度	年平均浓度	
过渡时期目标-1(IT-1)	70	75	35	相对于 AQG 水平而言,在这一水平的长期暴露会增加大约 15%的死亡风险
过渡时期目标-2(IT-2)	50	50	25	除其他健康利益外,与过渡时期目标-1 相比,在这一水平的长期暴露会降低 6%(2%~11%)的死亡风险
过渡时期目标-3(IT-3)	30	37.5	15	除其他健康利益外,与过渡时期目标-2 相比,在这一水平的长期暴露会降低 6%(2%~11%)的死亡风险
空气质量准则(AQG)	20	25	10	对于 $PM_{2.5}$ 的长期暴露,这是一个最低水平,在这一水平,总死亡率、心肺疾病死亡率和肺癌的死亡率会增加(95%以上可信度)

在给定区域的空气体积中和较长的给定时段内,当某种污染物在给定的平均浓度阈值水平上,其产生量和清除量达到平衡状态时,该平衡量即在此平均浓度阈值下的大气污染物的环境容量,简称大气环境容量。

① 应优先选择 $PM_{2.5}$ 准则值。

生态安全气候适应度一般通过气候适应度或相应的指数评价来取得相应的量值。如在气象部门的研究中，应用的评估方法为：生态质量气象评价指标＝湿润指数×权重＋植被覆盖指数×权重＋水环境指数×权重＋(1－土壤退化指数)×权重＋(1－灾害指数)×权重。生态质量气象评价结果分为5级：生态质量优、良好、一般、较差和差。根据上式，当评估生态质量指标小于30%时，生态安全气候适应度较差，如表4.5所示。

表4.5 区域生态质量气象评价分级标准(郑国光，2016)

生态质量等级	生态质量指标/%	含 义
优	≥70	植被覆盖度好，降水充沛，生物多样性好，生态系统稳定，最适合人类生存
良好	55～70	生态质量为良，表明植被覆盖度较好，降水充足，生物多样性较好，适合人类生存
一般	30～55	植被覆盖度处于中等水平，降水正常，生物多样性一般，较适合人类生存，偶尔有不适宜人类生存的制约性因子出现
较差	15～30	植被覆盖度较差，严重干旱少雨，物种较少，存在明显限制人类存在的因素
差	<15	条件较恶劣，极端干旱少雨，多属戈壁、沙漠、盐碱地、秃山等，不适合人类长期生存

生态气象指数估算则是通过植被净第一生产力(NPP)，即绿色植物在单位面积、单位时间内光合作用所产生的有机质总量减去呼吸消耗后剩余的总碳量来计算。该估算结果是判定陆地生态系统碳汇，调节生态过程的主要因子，可以反映陆地生态系统质量状况。目前，植被净第一生产力估算方法较多，而用于生态气象业务服务中的NPP估算模型主要包括气象要素驱动的草地和森林生态模型、气象卫星遥感与气象要素结合的光能利用率NPP估算模型等，其公式

如下：

$$I_{EMI}=\frac{a_{NPP}-\overline{a_{NPP}}}{\overline{a_{NPP}}}\times 100$$

式中，I_{EMI}代表生态气象指数，a_{NPP}代表植被净第一生产力，$\overline{a_{NPP}}$代表植被 NPP 多年平均值。

根据上式评估，$I_{EMI}<-25\%$时，陆地生态系统的质量状况较差或很差，如表 4.6 所示。

表 4.6　陆地植被生态质量气象评价分级标准(郑国光，2016)

生态气象指数(I_{EMI})/%	生态质量气象评价等级
$I_{EMI}<-50$	很差
$-50\leqslant I_{EMI}<-25$	较差
$-25\leqslant I_{EMI}\leqslant 25$	正常
$25<I_{EMI}\leqslant 50$	较好
$I_{EMI}>50$	很好

4.2.2　气候资源实物量与气候资源价值量的关系

以实物量计量气候资源的研究已经取得了许多成果，20 世纪 80 年代，中国就开展了全国性的气候区划研究和气候资源普查，特别是现代探测技术的快速发展，为探测和研究气候资源实物量提供了更为科学和便利的手段。气候资源实物量基本为物理计量单位。因此，气候资源的实物量具有扎实的科学基础，在全国不同气候区域都可以通过探测和评估计算出相应的气候资源实物量。但是，如果把气候资源的实物量应用于经济价值统计，就可能存在以下问题。

第一，某些没有经济价值的气候资源如何处理，特别是一些气候资源理论量值很大，但在现代技术条件下与实际可用的量值相差非常大，如果要进行经济价值统计，就不可能按照理论量值来计量。如植物的太阳能转化率是0.5％～1.0％，如果是农作物则可大致计算其太阳能资源的经济利用价值，那么还有相当大的部分是没有转化为经济价值的太阳能资源。但利用现代科技手段，太阳能组件发电的转化率则可达到17％左右，2023年太阳能转化为电能最高已经达到31％。而对太阳能转换热能效率而言，中国太阳能行业普遍能够达到的太阳能热水系统效率为33％左右，可见，太阳能转化为经济价值潜力非常巨大，但仍会存在不可能转化的资源部分。因此，气候资源经济价值评估具有时代的相对性，经济价值转化率可能更有实际价值。

第二，仅凭气候资源的物理单位量的核算，在传统经济活动中难以评估某一气候资源对国民经济和社会发展的效用量。气候资源实物量是客观存在的，如果不加以利用，它就是一种自然存在的物理量，在时空分布上确实存在差异。人们通过对观测数据的分析，可以形成这种物理量的时间和空间分布，它自身在客观上存在被国民经济生产活动有意识或无意识地利用，在传统自然经济阶段对某一气候资源的国民经济和社会发展的效用量可能确实难以作出经济价值量的评价。但是，在水能、光能和风能可以转化为现代经济能源之后，气候资源不仅可以进行综合性和对比性的经济分析，还可对某项气候资源进行经济价值评估。

第三，难以进行直接加和的综合计算，因为气候资源的实物量具有多维性的物理特征，相互之间少数可以转换，而大多数则不能转换。一个地区的气候资源实物量与该地区降水、气温、光照、风力、风向等高度相关,但是不同物理性质的气候资源,不可能直接进行能量资源加和,即使通过能量资源值转换计算,但与其转换为经济资源也不可能是一种对应关系。诸如寒冷在传统经济看来没有经济利用价值或经济利用价值不高,因此寒冷是一种减量经济效应,但从现代冰雪经济来看,寒冷就是一种经济资源,也是进行冰雪文化创造和冰雪旅游的气候资源。

第四,对气候资源进行横向分析,不同地区的经济发展水平不同,同样物理量的气候资源带给不同地区的效益不同。对气候资源进行分析,同一容量的气候资源在不同时间点,由于用途、质量变化等原因有可能存在不同的价值,仅从物理量的统计方面难以看出这些变化带来的气候资源价值的变化。因此,在实际操作中应考虑气候资源区域性特征,不宜简单进行经济价值评估比较。

正是由于这些问题的存在,气候资源在理论上价值很大,而在经济活动的实践中则很难体现价值。因此,当前说起来社会对气候资源和气候环境非常重视,而在实际上除了政府的公共财政投入之外,再难有其他形式的价值实现。

基于以上认识,特别需要研究气候资源实物量与气候资源价值量的关系。气候资源价值可以通过气候资源的一些物理属性,如气象要素量值变化、农作物潜生产力与实现量变化情况、生态变化情况、实物量可利用程度等表现出来。如发电库区降水量,在三峡库区面积降水量增加约 1 毫米,理论上折成库区水量约为 0.1084 亿立方米,如果水电站额定水头平均按照 100 米计算,则可实现发电约

246.36 万度，由此就可折算出降水资源的经济价值。但实际上根据多年降水转化为资源计算，降水量 1 毫米只有 45%转化为水资源。如果以三峡库区 1084 平方千米计算，则有 1 毫米×45%×1084 平方千米=487.8 万立方米，大约发电为 110.86 万度（约按 4.4 立方米水发 1 度电计）。

长江干流宜昌以上为上游，长 4504 千米，占长江全长的 70.4%，控制流域面积 100 万平方千米，如果降水量为 1 毫米，则可形成 1 毫米×45%（依据多年降水量与年度水资源比率计）水资源进入流域，如全部控制面积降水量为 1 毫米，即可形成 1 毫米×45%×100 万平方千米$=1\times10^{-3}\times45\%\times10^{6}\times10^{6}=4.5\times10^{8}$立方米[①]，如果水电站额定水头平均按照 100 米计算，则可实现发电约 1.02 亿度，由此就可折算出降水资源的经济价值。但实际情况是 1 毫米降水量在降水初期或被蒸发或被土壤吸收，不可能形成流量。

当然，实践中的气候资源价值计算可能比水电计算要复杂得多。实际上，气候资源实物量就是气候资源价值量的基础，气候资源的价值量是气候资源实物量的深化，通过实物量可以直观地感受各种气候资源类型在一个区域的存量与流量变化，而价值量则可以反映不同气候区域、不同时期气候资源的价值变化，从而对气候资源的经济意义进行分析，并使气候资源的价值实现横向比较和纵向比较，克服仅以实物量衡量气候资源的诸多不足。因此，如果开展气候资源国

① 由于各电站水头差不同，不易以固定的单位来衡量 1 度电所需水量，以长江三峡为例，大约每 4.2 吨长江水三峡电站可发 1 度电。三峡电站多年平均年径流量约 4300 亿立方米，除去防洪弃水，平均每年可发电 882 亿度，每天发电量约占全国 1/30。

民经济核算，应将气候资源实物量核算与价值量核算相结合，以气候资源实物量为气候资源价值量的基础，通过气候资源价值量深化气候资源实物量的经济意义。

4.3　气候资源经济价值实现

气候资源经济价值实现，从总体看，除传统的生物性转化利用外，现代太阳能的主要利用方式是太阳能光伏发电、太阳能热发电、建筑采光与采暖、太阳能热水器、太阳灶、太阳水泵等；风能主要利用方式是风力发电，对风车、风帆等的利用。云水资源的利用方式主要是人工增雨、水力发电、构建储水设施，对云水资源等的循环利用。热量资源主要利用方式是各类作物优化布局，构建温室、大棚等农业设施，用于农业种植活动；大气成分资源的利用方式，如将空气中的NO_2加以利用，转换成植物生长所需的氮肥，对空中稀有气体的利用等，还需进一步深入研究。气候资源经济价值实现方式和途径可以从以下方面考虑。

4.3.1　气候资源经济价值实现方式

总结人类利用气候资源的经验，可以归纳气候资源经济价值，主要有以下实现方式。

（1）气候资源直接作为生产力要素参与人们的生产劳动过程，在人们的农业劳动成果中包括了气候资源的经济价值

气候资源与土地资源作为自然生产力要素，一起参与了自然农

业生产的过程，通过人们的生产劳动，使自然的水、气、光、温、湿和土壤与肥料、种子结合，生产出各种农业产品。除此之外，气候资源在自然条件下，可以通过各种绿叶植物进行资源聚集，或转化为草场资源，或转化为林木资源，并通过多级生物链或产业链而形成经济社会价值。

土地和气候是农业生产必须具备的自然资源，在传统的农业生产中，由于土地资源和气候资源在农业生产中所表现的资源属性不同，人们比较看重土地资源，对气候资源的认识则比较浅显。但是，土地资源如果不具备比较优越的气候资源条件，土地价值就会降低，甚至成为“无用之地”。传统农业生产一般通过建立人工水利工程对土地进行改善，对于难以通过人工水利工程改造的土地，除自然草牧区或天然林区外，如果没有相应的水、温、光、湿等气候资源配置，一般可能视为经济价值不大的荒地或废地。

气候资源的经济价值还可以通过农业土地资源的价值得以实现。在同一地区的农业生产用地，由于自然条件不同存在单位面积价值不同的问题，反映出除土壤和地理位置差别外，还有气候资源条件利用的差别，有的地块对利用气候资源的条件比较好，有的地块则比较差，不同的单位面积所投入的成本和产出的农产品量可能不同，反映在土地价值上就存在差别。应当说，所有可用土地都附着相应的气候资源条件，否则，土地就会失去作为农业用地和人们居住用地的经济价值。因此，一般地价包含气候资源的经济价值。

以全国非冷浸稻田和冷浸稻田的农业气候资源经济实现为例，全国非冷浸稻田面积占84.93%，面积达到1949.95万公顷，每公顷气候资源增产以比冷浸稻田增产1500～2250千克/公顷计算，则达到224.39～438.74亿千克（扣除冷浸稻田气候资源价值），相当于2020年全国稻谷产量（21186亿千克）的1.06%～2.07%，即可计算非冷浸稻田气候资源贡献率＝非冷浸稻田气候资源年度平均增产量/全国稻谷年度总产量，为1.565%。在近水源向阳草地和非近水源背阳草地，同样可以评价气候资源经济价值。

（2）气候资源通过聚集转化为高密度经济能源，使气候资源直接产生经济价值

气候资源分布极其广泛，但分布密度较低，要使其直接转化为经济使用价值，则需要通过采取相应的工程措施或技术措施，使资源聚集用于生产生活而实现经济价值。气候资源聚集主要包括以下方面。

①雨水资源聚集。水资源是人们最基本最常用的生产生活资源，但是水资源具有容易流动、资源过少可能造成生产生活使用不足、资源过丰又可能造成水灾等特征。因此，人类较早就掌握了对雨水资源聚集和调控的技术，如修建水库、塘堰、开挖水渠和充分利用河道、江道和湖泊，对雨水资源进行聚集和调控，并按照人们的意愿产生经济价值。早在2000多年前，中国先民就兴建了都江堰、郑国渠等著名的雨水资源利用建设工程。新中国成立以后，水利成为农业的命脉，为聚集气候水资源修建了大量水利工程，到2020年全国建设了98566座水库，库容量达到9306亿立方米，全年可聚集水资源量达到24249.9亿立方米（含地面水、地下水，不含地表和地下水资源重复量），取原水价0.0781元/米^3（俞路 等，2004），当年降水资

源就可以达到1893.92亿元。

②风能、太阳能聚集。自然风能和太阳能都属低密度的气候资源,风力动能通过机械动能转换可以用于发电,太阳能通过特殊聚光聚能材料可以转化为高密度的热能,或转化为电能。风能、太阳能通过聚集已经发展成为重要的可再生绿色能源,截至2021年,全国风电累计装机容量3.28亿千瓦,其中陆上风电累计装机容量3.02亿千瓦,海上风电累计装机容量2639万千瓦,年风电发电量4057亿千瓦时,首次突破4000亿千瓦时,占全部发电量的5.5%。光伏发电累计并网容量3.06亿千瓦,其中集中式光伏电站累计装机容量1.98亿千瓦,分布式光伏累计装机容量1.08亿千瓦,年发电量达到3259亿千瓦时。

③积温资源聚集。土壤积温是从事农业生产的重要资源条件,随着农业种植技术的进步,20世纪90年代以来提高土壤积温的技术有了很快的发展,地膜覆盖技术被普遍应用,几乎所有种植品种都能应用地膜积温技术,不仅使农业的种植时间提前,而且使产量明显得到提高。除此以外,温室积温技术、大棚积温技术在现代农业生产中被采用和推广,并展现出良好的发展前景。根据徐景花(2014)对许昌大棚温湿度变化规律及其对作物生长的影响研究,大棚内总体增温效果平均为7.10℃;在连阴雨雪天气时,大棚温度高于棚外气温10.7℃;大棚内相对湿度在12月达83%,平均增幅达11%。第三次全国农业普查显示,2016年,全国温室占地面积334000公顷,较2006年增长了312.6%;大棚占地面积981000公顷,较2006年增长了111.0%。中国温室大棚占地面积稳居世界第一,工厂化种养

也呈快速发展态势。分地区看，东部地区设施农业面积最大，温室和大棚占地面积分别占全国的 38.8%和 48.3%；中部地区温室面积少，仅占全国的 12.2%；东北地区因气候寒冷，大棚面积最少，占全国的 10.8%。因此，当自然气温低于作物生长阈值时，通过大棚积温达到作物生长温度条件也是充分利用气候资源的一种有效方式。大棚气候资源经济效益计算公式如下：

大棚气候资源经济效益＝大棚作物收入－大棚建设成本分摊－种子、肥料、农药成本（不计人工及技术成本）

（3）以气候条件为资源进行利用，使其产生新的经济价值

气候是人类生产生活的背景，随着经济社会的发展和人们生活质量的提高，对气候环境的要求不仅越来越高，而且有条件通过多种方式享受更适宜人体的气候环境。气候条件对人类活动来讲，在气候舒适方面，有温度、湿度、空气、水洁净的舒适，如在中国南方可大力发展冬季旅游，在西部或高山地区和北方发展夏季旅游或避暑休闲、疗养经济，这有利于推动交通和舒适地基础设施建设和消费提升。由于特殊气候条件，可能形成不同的气象景观、奇观、异观和美观，因此在一些具有自然气候特色的地区，可以开发气象观赏旅游经济（如观云景、观雪景、观冰景、观雨淞和雾淞景），在北方可以组织开展冰雕节活动，可以对冬冰储藏而在夏季使用等。优越的气候条件与优良的生态往往是有必然联系的，好山好水好土好植被必有好气候，也必能产出好农特产品，优质农特产品就会优质优价，因此在优质气候生态区域，可开发全域性、全时季系列的气候生态优质农特产品。

4.3.2　气候资源产品价值实现途径

探索气候资源产品价值实现路径，努力提高气候资源产品供给能力和水平，推动经济效益、社会效益、生态效益同步提升，对于推动经济社会发展全面绿色转型具有重要意义。

一是开发全域性、全时季系列旅游产品。在优质生态气候区域，在立足于生态气候可持续发展，以及符合旅游和保护均有保障的条件下，可以开发全域性、全时季系列生态气候旅游产品。一般来讲，优质生态气候区域对于域外者来讲，可以说是处处有景观、季季有特色，人们“身临其景”必然能体验清新、舒畅、神爽、轻松的自然与人和谐之感受，这就是优质生态气候产品的价值和魅力。因此，这样的地区促进优质生态气候产品价值实现，完全可以开发全域性、全时季系列生态气候旅游产品。所谓全域性，即做好优质生态气候区域规划，在全境域内有目的地保持原生态功能不受影响的条件下增加旅游要素，逐步推进全域性旅游发展；所谓全时季，即根据四季变化的气候、物候、景候和农候开发分季旅游产品。这样就可以开发丰富多样的优质生态气候旅游产品，诸如花期游、采摘游、景观游、丰收游、娱乐游、体验游、民俗游、运动游、科普游、生态文化场馆游、特产加工场地游、特色基地游等，既有利于避免旅游产品单一化，又可避免季节的旺淡不均，还可以满足分众化旅游产品需求。其中，特色基地游和规模化加工场地游具有良好的开发前景，在一些优质生态气候区域，一些成片稻田、麦田、油菜田、果园、茶园等只需适当增建观景台、步道，在规模化加工场地按照可游览要求增设旅游通道，既可延长产业链，又可提升产品的知名度，还可增加产品零售，从而为全域性旅游、全时季旅游发展增加新的亮点和卖点。

二是多元化、规模化开发季节性休养康养产品。随着人们生活水平的不断提高，大众化休养康养需求迅速增长，为优质生态气候产品价值实现创造了时代机遇。如果我国生产力处在落后阶段，那么消费优质生态气候休养康养产品只有极少数人，但现在已进入新时代，消费优质生态气候休养康养产品越来越大众化，已经成为新时代绝大多数人的消费品。因此，我国发展生态气候休养康养业正处在大有可为的时代。在气新、水洁、土净、山绿、林好的生态气候舒适地区，开发培植大众化的生态气候休养康养产品很有前途，诸如避暑养、暖候养、休闲养、保健养、康疗养等均可以广泛吸引更多的消费者。生态气候休养康养产品，既然成为大众化产品和大众化消费，就需要走多元化、规模化的发展路径。所谓多元化、规模化，就是参与开发和提供生态气候休养康养产品的主体需要多元和广泛，并达到相当的规模。因此，各地除注重引入社会和外地投资商主体参与外，应特别扶植和鼓励当地居民以各种方式广泛参与，这既是扩大大众化休养康养规模的最有效形式，又是当地群众从优质生态气候中受益致富的重要途径，诸如开办民宿店、家庭旅店、出租民居或农家居养，或提供休养康养链产品和服务，从而使当地存量资源和人力资源得到最大限度的利用，使当地更多群众通过参与而从优质生态气候建设中受益致富，以利于巩固和夯实生态文明建设的社会基础，这是生态文明建设的根本初衷和归属。

三是品牌化、标识化开发绿色农、牧、渔、特、药产品。优质生态气候为开发生产绿色农、牧、渔、特、药产品提供了天然本底条件，如果不能有效组织开发绿色产品生产，优质生态气候产品的价值就可能难以实现最大化。因此，一些生态气候好的区域应结合当地气候与物产特点，不仅需要组织开发生产农、牧、渔、特、药绿色产品，而且一定要做到品牌化、标识化。品牌是产品品质、品性的集中体现，是消费者对生态气候产品及其系列的认知信誉程度，是生态气候产品经济价值的无形资产，也是生态气候产品价值实现的有效载体。因此，促进生态气候产品价值实现，一定要重视创建生态气候产品品牌，而地理生态气候标识则是区别品牌的最佳载体。绿色产品的地理生态气候标识具有不可复制、知识产权明晰而难以假冒的特点。在不同优质生态气候区生产的大米、果、茶、药、蔬菜和各类林特等产品增加地理生态气候标识，就可以极大地提升产品市场竞争力和市场价位。优质生态气候农林绿色产品是一种有地域和时空局限的特殊商品，更是稀缺品，其规模大都限于一县（市）或一乡镇，特别需要通过地理生态气候标识进行保护，以有效保护这类产品的品牌价值。因此，各地进行优质生态气候产品的品牌化、标识化建设，一是要通过增加法定的地理生态气候标识和防伪技术，标注可溯源的绿色产品生长地理生态气候条件（包括当年生产期内的水、土、气、温、光要素变化），从而把一些地理气候假冒产品清除；二是有效保护产品的地理生态气候标识，加注地理优质生态气候标识的名特绿色产品，一般具有高品质、高价值和高价位而满足小众化需求的特征，因此要防止和避免地理生态气候标识乱贴，不能搞跨县（市）贴牌，有的甚至不宜搞跨乡镇贴牌，以免影响品牌形象，最终影响优质生态气候绿色产品高价值的实现。其中，品牌化不应限于绿色物品，旅游产品、休养康养产品均应加强品牌化、标识化建设，这类产品最好形成全国性知名品牌和标识，诸如国家全域旅游示范区、全国森林康养基地试点建设县、国家生态公园、国家生态旅游示范区、中国天然氧吧区、中国气候康养地、中国避寒气候宜居地等知名品牌标识。

同时推进气候资源经济产业优势升级，使其成为品牌优势。品牌能够为优质气候资源产品价值的实现带来乘数效应。浙江丽水市的“丽水山耕”模式和福建省南平市的“武夷山水”模式就是提升品牌溢价的典型样板。树立品牌化意识，积极引导气候资源经济产业向规模化、标准化和品牌化方向发展。以优质农产品为突破口，统一质量标准、统一检验检测、统一营销运作，集中力量先行推出区域“气候好产品”（农产品）品牌。积极与知名企业进行技术合作和品牌合作，共同推广和建设品牌，提升品牌效应。加强宣传推广，同时积极参与国内外的展览和论坛等活动，扩大品牌知名度和影响力。

四是综合化、配套化以最大化实现生态气候产品价值。优质生态气候产品不同于一般工业产品，它具有明显的地理生态气候特征，其产品价值的最大化实现一般具有综合化特点。所谓综合化，就是指优质生态气候区域应避免产品单一化、某一产业孤立化发展，避免产品价值实现的环节少、方式单一、比较效益和综合效益不高。一般来讲，在优质生态气候区域的旅游业、休养康养业、地特生产业的经营及其相关保障服务业均应实现综合化发展，即使开发绿色地特产品也应走研发、生产、深加工、经销网销联销与包装相结合，按照效益原则走适度集约与适度分散相结合的综合化发展道路。配套化就是支撑生态气候产品价值实现的水、电、路、网和其他基础性公共保障的配套，以及由政府提供的“放管服”配套和价值实现短板配套等。一些优质生态气候产品价值实现不佳或者难以实现，与相关配套跟不上有很大关系。由于相关配套建设的投入大、见效慢、回报低，而且遇到的难题多，从而制约了一些地区优质生态气候产品价值的有效实现。因此，在优质生态气候产品价值实现过程中有关地区在推进综合化发展的同时，还应注重不断加强相关配套建设。

五是不断完善优化生态气候产品价值实现链。好的生态气候产品价值实现是一个由多领域、多环节相互关联促进的过程，生态气候产品价值要实现效益最大化就必须形成生态气候产品链和生态气候产品价值实现链。产品链和价值实现链是一些地区好山、好水、好土地、好气候、好景致、好特产等优质生态气候转化为“金山银山”的关键。对一些生态建设起步早、生态经济发展转型较快的地区，可以按照优质生态气候产品价值实现效益最大化原则，一是继续延长生态气候产品链，使优质生态气候产品在多领域、多环节和多方式产生效益；二是补齐产品链和价值实现链中的短板，充分调动各方面资源、发挥多方面积极性，有针对性和创造性地解决生态气候产品价值实现中的短板问题。对于一些准备或正在向生态经济发展转型的地区，可以参考生态气候产品链和价值实现链思路，进一步完善和优化生态经济发展规划，有计划有步骤地推进优质生态气候产品价值实现链建设，不断提升生态经济发展效益，把优质生态气候产品不断转化为当地人民群众生产发展和生活富裕的“金山银山”。

六是推动气候资源优势转化为产业优势。充分挖掘丰富的气候、生态、旅游、特色农业和可再生能源等自然资源优势，出台各种优惠政策，引进相关企业或扶持本地龙头企业，发展一批具有本地特色的气候资源经济产业。发挥绿色优势，以气候资源转化工程为牵引，大力培育一批技术含量高、特色优势明显、可替代性小的气候资源相关产业。例如，河北张家口市发挥本地丰富的风能和太阳能优势，形成了一批风电、光伏、氢能等可再生能源产业。提前谋划布局，促进产业融合发展，打通产业链各个环节，形成协同效应，加快推进气候资源向气候资源经济转化，形成气候资源经济价值。

同时应迭代升级气候资源产品创造新需求。一方面，加强科技创新，积极研发创新不同功能、不同层次的气候资源产品，满足消费者的多样化需求；另一方面，不断提供更新颖、更高效的气候资源产品创新服务，满足消费者的不同体验感。通过各类互联网平台提供更加个性化、多样化的服务，努力提高气候资源产业服务价值。

参考文献

曹建军，任正炜，杨勇，等，2008. 玛曲草地生态系统恢复成本条件价值评估[J]. 生态学报(4)：1872-1880.

陈仁升，康尔泗，杨建平，等，2003. 黑河流域山前绿洲水量转化模拟研究[J]. 冰川冻土，25(5)：566-573.

陈仲新，张新时，2000. 中国生态系统效益的价值[J]. 科学通报，45(1)：17-22.

《大气科学词典》编委会，1994. 大气科学词典[M]. 北京：气象出版社.

冯丽妃，2023. 如果空气质量改善有价格，你愿意花费几何[N]. 中国科学报，2023-03-15(4).

高进云,杨微,乔荣锋,2014.天津市郊区休闲农庄农地游憩价值评估——以西青区杨柳青庄园和水高庄园为例[J].资源科学(9):1898-1906.

黄秉维,2003.人类家园[M].北京:商务印书馆.

黄金国,2010.关于房地产楼层价差的研究[J].山西建筑,36(33):236-238.

焦扬,敖长林,2008.CVM方法在生态环境价值评估应用中的研究进展[J].东北农业大学学报,39(5):131-136.

李京梅,陈琦,姚海燕,2015.基于选择实验法的胶州湾湿地围垦生态效益损失评估[J].资源科学(1):68-75.

李巍,李文军,2003.用改进的旅行费用法评估九寨沟的游憩价值[J].北京大学学报:自然科学版(4):548-555.

刘坤,杨东,2001.旅游资源的经济价值评价[J].曲阜师范大学学报,27(3):103-107.

刘亚萍,潘晓芳,钟秋平,等,2006.生态旅游区自然环境的游憩价值——运用条件价值评价法和旅行费用法对武陵源风景区进行实证分析[J].生态学报(11):3765-3774.

马爱慧,张安录,2013.选择实验法视角的耕地生态补偿意愿实证研究——基于湖北武汉市问卷调查[J].资源科学(10):2061-2066.

欧阳志云,王效科,苗鸿,1999.中国陆地生态系统服务功能及其生态经济价值的初步研究[J].生态学报(5):19-25.

彭文静,姚顺波,冯颖,2014.基于TCIA与CVM的游憩资源价值评估——以太白山国家森林公园为例[J].经济地理(9):186-192.

史丹,王俊杰,2016.生态环境的经济价值评估方法与应用[J].城市与环境研究,2(2):3-16.

宋敏,2013.耕地资源利用中的环境成本分析与评价——以湖北省武汉市为例[J].中国人口·资源与环境(12):76-83.

谭雪,郑思悦,买亚宗,等,2015.千岛湖配水工程的环境成本估算——基于调水区支付意愿调查[J].长江流域资源与环境(11):1826-1833.

王洪亮,黄江玲,刘良源,2010.江西东江源区森林涵养水源价值评估与保护对策[J].江西林业科技(3):39-41.

王金龙,杨伶,张大红,等,2016.京冀水源涵养林生态效益计量研究——基于森林生态系统服务价值理论[J].生态经济,32(1):186-190.

王喜刚,王尔大,2013.基于修正旅行成本法的景区游憩价值评估模型——大连老虎滩海洋公园的实证分析[J].资源科学(8):1693-1700.

王艳,王倩,赵旭丽,等,2006.山东省水环境污染的经济损失研究[J].中国人口·资源与环境(2):83-87.

谢高地,鲁春霞,冷允法,等,2003.青藏高原生态资产的价值评估[J].自然资源学报(2):189-196.

熊明彪,舒芬,宋光煜,等,2002.南方丘陵区土壤潜育化的发生与生态环境建设[J].土壤与环境(2):197-201.

徐景花,2014.大棚温湿度变化规律及其对作物生长的影响[J].现代农业科技(24):179,183.

许健民,孙家栋,2004.中国气象事业发展战略研究:气象与国家安全卷[M].北京:气象出版社.

薛达元,2000.长白山自然保护区生物多样性非使用价值评估[J].中国环境科学,20(2):141-145.

俞路,姚天祥,2004.水资源全成本定价问题[J].地域研究与开发(1):69-72.

张莉,赵鹤,胡晓珂,等,2015.绿色住宅能多卖多少钱——基于显示性偏好法与意愿调查法的北京市绿色住宅溢价分析[J].中国房地产:学术版(7):21-27.

曾建新,龚向胜,余政军,等,2022.南方稻区冷浸田及综合种养开发利用技术[J].中国稻米,28(6):102-106.

赵越,於方,曹东,2006.北京市由污染引起的生活用洁净水替代成本调查[R].北京:

中国环境规划院.

郑国光,2016.中国气象百科全书·气象服务卷[M].北京:气象出版社.

郑华,欧阳志云,赵同谦,等,2003.人类活动对生态系统服务功能的影响[J].自然资源学报,18(1):118-126.

中国气象局发展研究中心,2015.中国气象发展报告(2015)[M].北京:气象出版社.

《中国气象发展报告 2022》编委会,2022.中国气象发展报告 2022[M].北京:气象出版社.

ABDALLA C W, ROACH B A, EPP D J, 1992. Valuing environmental quality changes using averting expenditures: An application to groundwater contamination[J]. Land Economics,68(2):163-169.

ABRAHAMS N A, HUBBELL B J, JORDAN J L, 2000. Joint production and averting expenditure measures of willing ness to pay: Do water expenditures really measure avoidance costs? [J]. American Journal of Agricultural Economics, 82(2):427-437.

ADAMOWICZ W, LOUVIERE J, WILLIAMS M, 1994. Combining revealed and stated preference methods for valuing environmental amenities[J]. Journal of Environmental Economics and Management, 26(3):271-292.

BARTIK T J, 1988. Evaluating the benefits of non-Marginal reductiona in pollution using informayion on defensive expenditures[J]. Journal of Environmental Economics and Management, 15(1):111-127.

BATEMAN I J, CARSON R T, DAY B, et al, 2004. Economic valuation with stated preference techniques[J]. Ecological Economics, 50(1-2):155-156.

BISHOP R C, HEBERLEIN T A, 1981. Measuring values of extra-marketgoods: Are indirect methods biased[J]. American Journal of Agricultural Economics, 66(3):926-930.

CARSON R T, FLORES N E, MEADE N F, 2001. Contingent valuation:Controversies and evidence[J]. Environmental and Resource Economics, 19(2): 173-210.

CHRISTIE M, HANLEY N, WARREN J, et al. 2006. Developing measures for valuing changes in biodiversity[R]. Cheltenham: Edward Elgar Publishing.

DAVIS R K, 1963. Recreation planning as an economic problem[J]. Natueal Resources Journal, 3(2):239-249.

FREEMAN A M, 2014. The Measurement of Environmental Resource Values: Theory and Methods[M]. New York:RFF Press.

GARROD G D, WILLIS K G, 1994. Valuing biodiversity and nature conservation at a local level[J]. Biodiversity and Conservation, 3(6):555-565.

GERKING S, STANLEY L R, 1986. An economic analysis of air pollution and health:The case of St. Louis[J]. The Review of Economics and Statistics, 68(1):115-121.

HANLEY N, CRAIG S, 1991. Wilderness development decisions and the Krutilla-Fisher Model:The case of Scotland's 'flow country'[J]. Ecological Economics,4(2):145-164.

KUTTUNEN M, BRINK P, 2006. Value of biodiversity-documenting EU examples where biodiversity loss has led to the loss of ecosystem services[R]. Brussels: Final Report for the European Commission.

LOOMIS J B, WALSH R G, 1997. Recreation economic decisions[M]//Comparing benefits and costs. Edmonton: VenturePublishingInc.

MACMILLAN D, HANLEY N, BUCKLAND S, 1994. A contingent valuation study of uncertain environmental gains[J]. Scottish Journal of Political Economy, 43(5):519-533.

MACMILLAN D, HANLEY N, DAW M,2004. Cost and benefits of wild goose conservation in Scotland[J]. Biological Conservation, 119(4):475-485.

MCKEAN J R, JOHNSON D M,WALSH R G, 1995. Valuing time in travel cost demand analysis: An empirical Investigation [J]. Land Economics, 71 (1): 96-105.

MURDOCH J C, THAYER M A, 1990. The benefits of reducing the incidence of nonmelanoma skin cancers: A defensive expenditures approach[J]. Journal of Environmental Economics and Management, 18(2):107-119.

POOR P J,SMITH J M, 2004. Travel cost analysis of a cultural heritage site:The case of historic St. Mary's city of maryland[J]. Journal of Cultural Economics, 28(3):217-229.

RIDKER R G, HENNING J A, 1967. The determinants of residential property values with special reference to air pollution[J]. The Review of Economics and Statistics, 49(2):246-257.

RIDKER R, 1966. Economic cost of air pollution[M]. New York:Praeger.

SMITH V K, KOPP R J, 1980. The spatial limits of travel cost recreational demand model[J]. Land Economics, 56(1):64-72.

WILLIS K G, GARROD G,SCARPA R, et al , 2008. Social and environmental benefits of forestry phase 2: The social and environmental benefits of forests in Great Britain[R]. Edinburgh: Report to the Forestry Commission.

第5章 气候资源现代经济开发利用分析

气候资源被传统农业经济和传统技术经济利用,从总体上看并不会造成气候资源的紧张和破坏。因此,在人类千百年的经济活动中并不存在气候资源短缺问题,当时的气候只是一个环境和条件问题。但是,进入工业时代以来,特别是20世纪70年代以来,随着科学技术的高速发展,现代生产和现代技术的介入,气候资源已经成为最重要的绿色经济能源资源之一,气候资源现代经济开发利用已经展现出无限的发展前景。

5.1 气候资源现代经济开发利用概述

气候资源现代经济利用主要是指运用现代科学技术使气候资源直接转化为热能和电能的经济利用方式。20世纪70年代以来,国际上鉴于化石常规能源资源的有限性和环境压力的增加,许多国家加强了对新能源和可再生能源的研究与技术开发的支持,尤其是运用现代科学技术,以太阳能、风能为对象的气候能源研究与开发利用引起了许多国家的重视,研究的深度、广度不断加强。

在现代技术条件下,太阳能直接转化为热能技术使用已经非常普遍，特别是太阳能热水器普及很快，世界上许多国家把研究太阳能的开发和利用列为重要的能源战略，并制定了一系列的鼓励性政策，使太阳能利用呈现出良好前景。气候资源作为能源转化为电能处在蓬勃发展阶段，充分利用太阳能资源、风力资源和降水资源，使它们不断转化为电能，成为进入21世纪以来清洁和再生能源发展最快的领域。气候资源转化为基础能源以后，大大拓展了人们对国土空间的新认识，传统意义上荒漠、沙漠、石荒、边荒、荒岛和海洋等区域都存在丰富的可以开发利用的气候能源，为再生能源开发提供了无限空间。气候资源现代经济开发利用涉及领域非常广泛，除了将气候资源转化为能源利用外，还有现代农业、现代旅游业、现代建筑业和现代医疗业等，均在采用现代科技手段，充分利用气候资源创造新质生产力，以下重点分析气候资源转化为能源利用和空中水资源开发利用的情况。

5.1.1　太阳能资源经济利用概况

太阳能既是一次性能源，又是可再生能源。但太阳能流密度低，其强度受季节、地理、天气等各种因素影响而变化，会直接影响太阳能的经济开发利用。随着现代科学技术的发展，太阳能光利用、热利用和化学利用技术不断提高。进入20世纪90年代，特别是进入21世纪以来太阳能经济利用取得了重大发展。

(1)国外太阳能开发利用状况

20世纪以来，太阳能开发利用受到许多国家重视和关注，但由于受太阳能开发技术限制、利用成本高、其他能源波动和国际政治与战争的影响，在 20 世纪 90 年代以前，太阳能开发利用经历了几起几落，总体上发展比较缓慢。1973 年 10 月爆发中东战争，石油输出国组织采取石油减产、提价等办法，维护本国利益，使一些依靠从中东地区进口廉价石油的国家经济发展受到重创。这次危机促成世界各国再次重视太阳能开发利用。1973 年，美国制定了政府阳光发电计划，日本在 1974 年公布了政府制定的“阳光计划”。1975 年，中国召开全国第一次太阳能利用工作经验交流大会。但在当时太阳能产业规模较小，经济效益尚不理想，发展仍然比较缓慢。

进入 20 世纪 80 年代，能源消费与环境保护的关系引起了国际社会的广泛关注。1992 年，联合国在巴西召开世界环境与发展大会，会议通过了《里约热内卢环境与发展宣言》《21 世纪议程》和《联合国气候变化框架公约》等一系列重要文件。这次会议之后，世界各国加强了清洁能源技术开发，将利用太阳能与环境保护结合在一起，使太阳能利用工作又一次得到加强。1996 年，联合国在津巴布韦召开世界太阳能高峰会议，形成《世界太阳能 10 年行动计划》(1996—2005 年)及《国际太阳能公约》《世界太阳能战略规划》等重要文件。这次会议进一步表明了联合国和世界各国对开发太阳能的决心，要求全球共同行动，广泛开发和利用太阳能。

20 世纪 90 年代以来，国际上新能源和可再生能源的开发利用取得长足进展。20 世纪 80 年代，美国建成抛物面槽太阳能发电站，俄罗斯、澳大利亚、瑞士也相继建立了太阳能发电厂，1992 年，日本太阳能发电系统和电力公司电网联网，预计到 2050 年德国消耗的能量半数将来自太阳能(黄泽全，2005)。进入 21 世纪以来，世界范围内太阳能光伏技术和光伏产业发展很快，光伏发电已经从解决边远地区的用电和特殊用电逐步转向并网发电与建筑结合供电的方向发展，并且发展十分迅速。美国、德国、日本、加拿大、荷兰等国家纷纷制定了雄心勃勃的中长期发展规划，推动光伏技术和光伏产业的发展，世界光伏产业得到高速发展。

目前，世界范围内的太阳能工业及其市场已初具规模，其发展速度甚至超过许多专家和政策制定者的预想。一般而言，太阳能工业由太阳能光伏技术、太阳能热电技术和太阳能热水技术三部分组成。以太阳能光伏工业为例，1998 年，全球光伏市场规模是 152 兆瓦，但到 2018 年全球光伏新增装机容量首次突破 100 吉瓦，达到了 102.4 吉瓦（尚丽萍，2020），约为 1998 年的 674 倍。据国际能源署预测，到 2030 年，全球太阳能光伏装机容量将会达到 1.4 太瓦。目前，中国是全球最大的太阳能光伏市场，其装机容量占全球的 1/3（舟丹，2023）。

太阳能热水器产业从 20 世纪 90 年代以来得到快速发展。统计资料表明，1996 年，美国共生产了 77 万平方英尺[①]的热水器。以平均价格每平方英尺 15 美元计算，1996 年的销售额是 1155 万美元。1998 年世界热水器的保有量约为 5400 万平方米，户用比例[②]为 1%～2%，而日本户用比例达到 20%，以色列户用比例达到 80%，除此之外，服务业、旅游业、公共福利事业等的中低温热水的应用市场也非常大。截至 2005 年，全球太阳能热水器累计总装置面积 1.25 亿平

① 1 英尺＝0.3048 米。

② 户用比例为用户数占居民全部户数之比。

方米，较前一年增长13.6%；太阳能热水器供热总容量已达88千兆瓦热能，其中，中国占63.1%、欧盟国家占12.7%、土耳其占6.6.%、日本占6%(尤如瑾，2007)。

(2)中国太阳能资源开发利用

中国太阳能资源十分丰富，太阳能年辐射总量超过140千卡/米^2(全年日照时数为2000小时以上)的地区约占全国面积的2/3。特别是华北、西北和青藏高原，干旱少雨，全年日照时数超过2500小时。中国对气候能源的开发利用起步较早，20世纪90年代以来，国家把气候能源开发利用纳入了《中国21世纪议程》，并先后制定了太阳能开发利用规划或计划，在基础理论研究和技术开发研究方面也取得了许多成果。

中国太阳能开发利用最早的是太阳能热水器。随着太阳能热水器技术的提高，太阳热水器市场迅速发展，并形成产业规模。到2000年中国已有约500个具有一定生产规模的太阳能热水器生产企业。其中，有10个企业的年销售额超过1亿元，12个企业年销售额在5000万元至1亿元，31个在1000万～5000万元。进入21世纪10年代以来，太阳能热水器的市场以30%的速率递增。2000年的销售量已达600万平方米，总安装量已达2600万平方米。据估算，一年替代煤炭量将达到260万吨标准煤当量，年减排CO_2的碳量超过182万吨(中国气候变化国别研究组，2000)。现在，太阳能热水器的性能价格比已可与电热水器和燃气热水器相竞争，已经与电热水器、燃气热水器并列成为在市场上提供生活热水的3种设备。到2012年，中国太阳能热水系统产量和保有量分别达到6390万平方米和 25770 万平方米，稳居世界第一（宋忠诚，2015），中国成为名副其实的世界上最大的太阳能热水器生产和应用的国家。

中国光伏发电发展主要经历了以下 3 个发展阶段（水电水利规划设计总院，2018）。

①早期发展阶段（1978—2005 年）。改革开放以后，国家对光伏应用示范项目给予支持，使光伏系统在农村应用中得到发展，如小型户用系统和村落供电系统等，早在 1983 年，中国第一座光伏电站诞生在甘肃省兰州市榆中县的园子岔乡，一个非常贫穷的村子，总装机容量 10 千瓦，在当时满足村里 36 户居民用电。自此，中国利用太阳能资源发电产业开始起步了，并在一些地方做了示范工程，拉开了中国光伏发电的前奏。2000 年以后，国家先后启动“送电到乡工程计划”“光明工程计划”等，利用这些地区拥有的丰富太阳能、风能、水能等可再生能源资源，应用现代光电转换技术、风力发电技术和小水电技术，建设独立离网运行的太阳能光伏电站、风光互补电站和小水电站，解决这些无电地区农牧民的生活用电问题。到 2001 年，中国已投资超过 26 亿元，在近 700 个无电乡村建设 585 座太阳能光伏发电站和风光互补发电站，以及 100 多座小水电站。这些太阳能光伏发电站和风光互补发电站已基本建成发电。这是当时世界上规模最大的农村无电地区的太阳能光伏发电建设工程。据统计，截至 2005 年，中国光伏发电累计装机容量达 70 兆瓦。

②中期发展阶段（2006—2012 年）。2006 年，中国《可再生能源法》正式颁布实施，开始逐步建立有利于光伏发电产业健康发展的、相对完整的政策环境。2009 年 7 月，财政部、科技部、国家能源局联

合发布《关于实施金太阳示范工程的通知》(财建〔2009〕397号),2010年9月,财政部、科技部、住房和城乡建设部、国家能源局下发《关于加强金太阳示范工程和太阳能光电建筑应用示范工程建设管理的通知》(财建〔2010〕662号),当时国家决定采取财政补助方式,支持光伏发电示范项目,从而有效地推动了光伏发电项目开发建设运营、产品研发制造等较快发展。截至2012年,全国累计光伏发电并网容量6.5吉瓦,光伏发电已具备加快发展的条件。

③产业规模发展阶段(2013—2023年)。为壮大国内光伏市场,2013年,国务院发布《关于促进光伏产业健康发展的若干意见》(国发〔2013〕24号),各部委和地方政府积极出台支持和规范光伏行业发展的政策性文件。在一系列利好政策推动下,中国光伏发电市场规模快速扩大。截至2020年,全国光伏发电累计装机容量约2.53亿千瓦(水电水利规划设计总院,2021),其中,集中式光伏电站发电累计装机容量17.470万千瓦,分布式光伏电站发电累计装机容量7.819万千瓦。

中国太阳能光伏发电技术产业化及市场发展,经过以上不同阶段,已经奠定了重要技术基础。太阳能光伏每发电1千瓦时可替代约0.4千克标准煤的能量,可减排CO_2的碳量约0.3千克(中国气候变化国别研究组,2000)。1998年,中国太阳能电池的产量峰值为2.1兆瓦,约占世界产量的1.3%,总装机容量峰值12兆瓦,占世界的1.5%。当时在总体水平上同国外相比还有很大差距。但中国太阳能发电技术进步非常迅速,到2020年,太阳能发电量达到2605亿千瓦时,为2011年的近120倍。相关数据显示,2020年,中国太阳能多晶硅料产能达到39.2万吨，占全球太阳能多晶硅料的71.9%；光伏电池产能达到了134.8吉瓦；光伏组件产能达到了124.6吉瓦，全面领先全球。

5.1.2 风能资源经济利用概况

从全球来看，世界风能市场获得了较快发展，1995—2007年，风电累计装机容量增长率为28.15%。经过长期发展，到21世纪初，风电技术已经成熟，成本逐渐降低，风能已经成为与常规能源一较高下的主流能源。据全球风能协会(GWEC)的统计，2007年世界风电累计装机总量达94.112吉瓦，当年新增装机容量为20.073吉瓦，累计装机容量比上年增长27%，其中美国新增风电装机容量5.244吉瓦，居世界首位；其次是西班牙和中国，新增装机容量分别为3.522吉瓦和3.449吉瓦(侯建朝 等，2008)。根据国际可再生能源机构(IRENA)数据，2018年，全球风电累计装机容量首次突破600吉瓦大关，2018年，全球陆上新增风电装机容量46.77吉瓦，比2017年增长7.7%，累计装机容量达到607.7吉瓦，总装机容量为2007年的6.46倍。其中海上风电累计装机容量23吉瓦，所发电量占全球电力需求的6%。

从中国来看，季风是中国气候的基本特征，如冬季季风在华北长达6个月，东北长达7个月。东南季风则遍及中国的东半壁。中国是一个自然资源相对贫乏，但气候资源却是丰富多样的国家。根据气象部门20世纪80年代对风能资源初步普查和测算，全国离地面10米高度层上的陆地风能资源总量为32.26亿千瓦，实际可开发量为2.53亿千瓦，近海（水深10米）离海面10米高层的风能储量约7.5亿千瓦（许健民，2004）。中国风力气候资源现代技术利用同样经历以下几个阶段。

（1）早期发展阶段（1986—1993年）

主要利用国外赠款及贷款，建设小型示范风电场，政府在资金方面给予扶持，如投资风电场项目及支持风电机组研制。在20世纪80年代，中国先后从丹麦、比利时、瑞典、美国、德国引进一批中型、大型风力发电机组。在新疆、内蒙古的风口及山东、浙江、福建、广东的岛屿建立了一批示范性风力发电场，风力装机容量从50瓦到250千瓦。

（2）中期发展阶段（1994—2008年）

1994年，电力工业部发文（电政法〔1994〕461号）要求，国有电网公用事业单位必须全额收购风电场所发电力并保证风电就近上网。这项政策对风电投资者产生了巨大的政策性激励作用。这是中国首次建立了强制性收购、还本付息电价和成本分摊制度，使投资者利益得到保障，贷款建设风电场逐渐增多，并规定了风力气候资源评估与风力预报要求，即风电场运营单位应绘制出风速频率曲线和风向频率玫瑰图、编制月平均风速变化和年平均风速日（0～24小时）变化曲线，并根据每台机组的输出功率曲线，结合年度检修计划，编制出年、月（季）和日预报发电计划以及次日的风速和发电预报，报送电网管理部门和调度部门审批，从而促进了风电产业发展。1995年，国家发展计划委员会、国家经济贸易委员会、国家科技部明确提出1996—2010年具体发展目标，2003年国家发展和改革委员会（简称国家发展改革委）再次提出风电发展的规划阶段目标（许健民，2004）。到21世纪初，中国大型并网风力发电发展迅速，2003年新增风电机组131台，装机容量9.8万千瓦，增长率为21%。到2003年全国累计风电机组1042台，装机容量56.7万千瓦，共有40个风电场，分布在14个省（区、市），使中国风力发电迈上了一个新台阶（许健民，2004）。当时与发达国家相比，中国风能的开发利用还相当落后。国家通过实施风电特许权招标来确定风电场投资商、开发商和上网电价，以及施行《可再生能源法》（2005年2月28日通过）及其细则，建立了稳定的费用分摊制度，迅速提高了风电开发规模和本土设备制造能力，有效促进了风电产业发展。

（3）大规模和高质量发展阶段（2009—2023年）

在风电特许权招标的基础上，中国颁布了陆地风电上网标杆电价政策；根据规模化发展需要，2009年修订了《可再生能源法》，当年7月，国家发展改革委发布《关于完善风力发电上网电价政策的通知》，该项政策依照不同开发条件将中国陆地风电电价划分为4类，从0.51元到0.61元不等，从而形成了稳定和长期的投资收益保证，为中国风电产业发展带来了极其强劲的推动力。

特别是2014—2019年，中国风电装机实现了快速增长，累计装机容量持续增长。截至2019年，中国累计风电装机容量为2.1亿千瓦，同比增长14.0%。其中陆上风电总装机容量占主要比例，达到2.04亿千瓦，约占97%；海上风电装机容量593万千瓦，约占3%。2019年风电发电量4057亿千瓦时，首次突破4000亿千瓦时，占全部发电量的5.5%。到2021年，全国风电累计装机容量约为3.28

亿千瓦，其中陆上风电累计装机容量 3.02 亿千瓦，海上风电累计装机容量 2639 万千瓦。

5.1.3 水能资源经济利用概况

降水是水能形成的根本来源。水能转化为水电已经成为技术最成熟、供应最稳定的可再生清洁能源之一，在全球能源供应中占有重要地位。1878 年，世界第一座水电站在法国建成，1879 年，第一座抽水蓄能电站在瑞士建成，1913 年，第一座潮汐电站在德国建成。20 世纪 30 年代后，水电站的数量和装机容量均有很大的发展，至 20 世纪 80 年代末，世界上一些工业发达国家水能资源得到重大的开发。2007 年，全球水电装机容量达到 848400 兆瓦，发电量 3045000 吉瓦时/年，约占全球电力供应量的 20%，水电开发程度按已发电量与经济可开发量的比值计算达到了 35%，其中非洲为 11%，亚洲为 25%，大洋洲为 45%，欧洲为 71%，北美为 65%，南美为 40%（中国水力发电工程学会 等，2011）。2017 年，全球水电装机规模为 12.67 亿千瓦，年发电量为 41850 亿千瓦时，约占全球水力资源技术经济可开发量的 26.5%。近年来，全球水电总装机容量保持快速增长的势头。2016—2020 年，全球水电总装机容量由 124500 万千瓦增长至 133000 万千瓦（杨子儒 等，2022）。这说明降水作为水能的根本来源，得到充分的经济利用。

在中国水能资源作为电力能源开发，最早始于 1908 年，电厂选址于云南昆明滇池西南部的出水口处，装机采用德国西门子的两台发电设备，石龙坝电厂 1910 年 7 月工程开工，到 1912 年 4 月正式发电，装机容量仅有480千瓦，它是中国第一座水电站。在旧中国水电开发能力弱，而且很多受到国外的控制，到1949年，新中国成立时全国的水电装机容量和年发电量分别仅为36万千瓦和12亿千瓦时。

在新中国成立后，中国推动了水电事业高速发展。20世纪60年代自主设计建设的新安江水电站装机容量66.25万千瓦，70年代建成的刘家峡水电站装机容量122.5万千瓦，80年代建成的葛洲坝水电站装机容量271.5万千瓦，20世纪中国建成的最大水电站二滩水电站，总装机容量330万千瓦，21世纪建成的世界最大水电站三峡水电站，总装机容量1820万千瓦。到2018年，中国水电装机容量和年发电量已分别超过了3.52亿千瓦和1.2万亿千瓦时，均占到了全球的1/4以上(张博庭，2019)。党的十八大以来，在新发展理念指引下，能源生产结构更加绿色低碳。2021年6月28日，总装机容量1600万千瓦的白鹤滩水电站两台国产100万千瓦发电机组同时投产发电。

进入21世纪10年代，中国水电开发集中于西南地区，正由大江大河的中下游逐步向上游推进。截至2019年，中国大江大河干流水电开发情况如表5.1所示。南盘江红水河的技术可开发水电资源已基本开发完毕；金沙江、大渡河、长江上游的开发率已达80%左右(按装机容量计算)，中下游河段水电资源也已基本开发完毕，待开发水电站主要位于上游河段；西南三江中雅鲁藏布江的开发率仅1.4%，怒江干流尚未开发，潜力巨大。从水能资源意义看，雨水资源远超出了传统农业经济意义，在流域上流地区的降水量已经成为水能资源的唯一来源。

表 5.1 中国大江大河干流水电开发情况(截至 2019 年)(杨永江 等,2021)

		技术可开发量/万千瓦	已建规模/万千瓦	在建规模/万千瓦	开发程度/%
河流名称	金沙江	8324.0	3236.8	3334.0	78.94
	长江上游	3127.5	2521.5	0	80.62
	雅砻江	2880.8	1470.0	450.0	66.65
	大渡河	2496.4	1737.0	397.6	85.51
	黄河上游	2690.1	1573.0	220.0	66.65
	南盘江红水河	1507.0	1207.9	160.0	90.77
	西南三江	15370.8	2186.0	242.0	15.80

注:已建、在建梯级按建成或核准的装机容量统计,未建梯级按规划装机容量统计。

5.2 气候资源转化为能源经济现状

中国具有丰富的风、光气候资源,但由于分布不均,开发利用太阳能和风能气候资源,首先需要有科学的太阳能、风能气候资源量观测与评估。在气候资源观测与评估等科学支撑与国家激励政策支持下,中国风、光气候资源作为可再生能源呈现发展速度快、运行质量好、利用水平高的良好态势,风电光伏发电利用水平不断提升,发电量占比不断提高,为中国实现绿色高质量发展和"双碳"目标展现出远大的前景。

5.2.1 气候资源量观测与评估

太阳辐射观测是获取太阳能资源分布数据的基础,也是气象观测的要素之一。新中国成立前,中国在上海、南京(北极阁)和山东泰山进行过太阳辐射观测。新中国成立后，1957年，中国开始建立太阳辐射观测网。1981年，根据WMO的要求，开始将原来实行的“1956年国际直接辐射强度标尺”改为“世界辐射测量基准”。1990—1993年，分三批将全部共98个辐射观测台站的观测设备更换为有线遥测辐射仪。进入21世纪，随着气象、环境和能源领域对太阳辐射资料的迫切需要，中国研制出一些新型的辐射仪器，满足了中国对高等级辐射仪器的需要。

在20世纪80年代初，中国就利用气候学方法进行了风能和太阳能资源评估的工作，给出了中国风能和太阳能资源的时空分布和区划标准。进入21世纪，中国风能、太阳能资源观测与评估进入新阶段，“资源气象”理念得到社会广泛认同。为提供更加详细可靠的风能资源信息，中国气象局于2007年又开始了全国风能资源详查和评价工作。与过去普查工作相比，这次风能资源详查和评价工作，在资料方面不再单纯采用气象台站的地面观测资料，而是在全国建立风能资源专业观测网，获取风能观测资料，辅以气象台站的长期观测资料；在技术方法方面，不再是以统计方法为主，而是以国际上普遍采用的数值模拟方法为主。

2006年，正式成立中国气象局风能太阳能资源评估中心（2021年改为中国气象局风能太阳能中心），任务是开展风能、太阳能资源开发利用的研究实验工作，开发技术、评价方法的研究推广工作，以及开展风能、太阳能资源评估业务和气象咨询服务。这是中国气象局适应国内经济发展和国际环境与发展新形势，做好气候资源的普查和规划利用，以及风能、太阳能开发利用的气象服务工作而采取的重大举措之一。中国气象局风能太阳能资源评估中心的成立标志着中国气候资源科学评估工作进入一个新的发展阶段。

2014年，气象部门通过利用2004—2014年逐年全国气象台站总辐射和日照观测资料，经统计分析和插值处理，得到全国陆地2.5°×2.5°的格点要素资料，用于评估2014年太阳能资源参数的年景特征。中国气象局风能太阳能资源评估中心首次发布《2014年风能太阳能资源年景公报》，公报显示：2014年全国地表平均水平面总辐射年辐照量约为1492.6千瓦时/米^2，较2004—2013年平均值偏少约8.1千瓦时/米^2，为2004—2013年次小年。云量和霾日数增多是地表太阳总辐射量减少的主要原因。至2021年已经连续8年发布《风能太阳能资源年景公报》（简称《公报》）。

《公报》显示：2021年，全国风能资源为正常略偏大年景。10米高度年平均风速较2011—2020年偏高0.18%，较2020年偏高1.31%。70米高度年平均风速约5.5米/秒，年平均风功率密度约196.7瓦/米^2，其中，山西、四川、河南、内蒙古、宁夏较2011—2020年平均值偏高；上海、贵州、海南、广东、青海、湖南、北京、甘肃偏低；其他地区与2011—2020年平均值接近。2021年，全国100米高度平均风速约为5.8米/秒，年平均风功率密度为234.9瓦/米^2，各省（区、市）100米高度年平均风功率密度在98.64～364.24瓦/米^2，有23个省（区、市）年平均风功率密度超过150瓦/米^2，其中14个省（区、市）年平均风功率密度超过200瓦/米^2，吉林、内蒙古2个省（区）年平均风功率密度超过300瓦/米^2。

2021年，全国太阳能资源为偏小年景。年平均水平面总辐照量约1493.4千瓦时/米^2，较1991—2020年偏低25.6千瓦时/米^2，较2011—2020年偏低19.3千瓦时/米^2，较2020年偏低40千瓦时/米^2。从各省份看，31个省（区、市）年平均水平面总辐照量在1920.11～981.01千瓦时/米^2，有7个省份大于1500千瓦时/米^2，有4个省份小于1200千瓦时/米^2。光伏发电年最佳斜面总辐照量约1748.7千瓦时/米^2，较1991—2020年偏低19.6千瓦时/米^2，较2011—2020年偏低13.1千瓦时/米^2，较2020年偏低52.3千瓦时/米^2。从各省份看，31个省（区、市）年最佳斜面总辐照量在2192.35～998.96千瓦时/米^2，有6个省份大于1800千瓦时/米^2，有2个省份小于1200千瓦时/米^2。

5.2.2 气候资源转化为能源经济进度

一部分气候资源逐步转化为最重要的能源经济资源，对实现"双碳"目标将做出重大贡献。近些年来，中国气候资源转化为能源经济取得了新的发展，利用气候资源转化为能源发电的比例不断提高。

5.2.2.1 气候资源转化为能源经济概况

根据《中华人民共和国2022年国民经济和社会发展统计公报》，2022年，中国能源消费总量达54.1亿吨标准煤，同比增长2.9%。其中，煤炭消费量占能源消费总量的56.2%，天然气、水电、核电、风电、太阳能发电等清洁能源消费量占能源消费总量的25.9%（图5.1）。

2022年，中国全口径发电装机容量25.6亿千瓦，同比增长

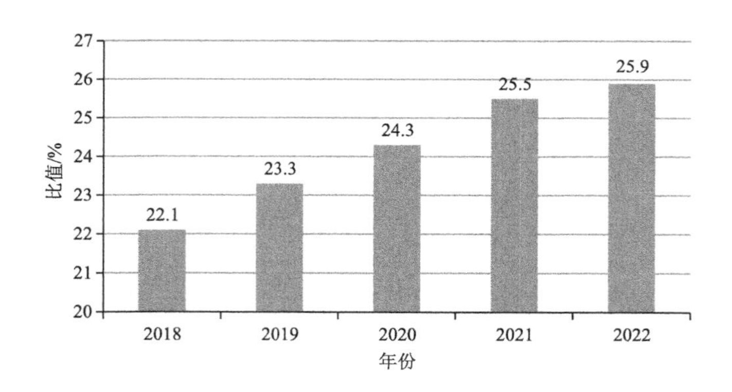

图 5.1　2018—2022 年中国清洁能源消费量与能源消费总量的比值

7.8%。其中，水电 4.1 亿千瓦（其中抽水蓄能 4579 万千瓦）；核电 5553 万千瓦；并网风电 3.65 亿千瓦（陆上风电 3.35 亿千瓦、海上风电 0.30 亿千瓦）；并网太阳能发电 3.9 亿千瓦；火电发电 13.31 亿千瓦（其中，煤电 11.2 亿千瓦、燃气 1.1 亿千瓦）。2022 年，中国水电、核电、风电、太阳能发电等清洁能源发电量比 2021 年增长 8.5%。2022 年利用气候资源水、风、太阳能装机达到总装机容量的 43.9%（表 5.2），而且这一占比还呈扩大趋势。

表 5.2　各类电源累计装机容量及占比（截至 2022 年）

	火电	核电	常规水电	抽水蓄能	风电	太阳能发电	生物质发电
装机容量/万千瓦	129565	5553	36771	4579	36544	39261	4132
占比/%	50.53	2.17	14.34	1.79	14.25	15.31	1.61

截至 2022 年，中国可再生能源装机容量达到 12.13 亿千瓦，占全国发电总装机容量的 47.3%，其中，风电 3.65 亿千瓦，太阳能发电 3.93 亿千瓦，生物质发电 0.41 亿千瓦，常规水电 3.68 亿千瓦，抽水蓄能 0.46 亿千瓦。2022 年，风电光伏发电量达到 1.19 万亿千瓦

时，约占全社会用电量的13.8%，接近全国城乡居民生活用电量。可再生能源发电量达到2.7万亿千瓦时，约占全社会用电量的31.3%，可再生能源在保障能源供应方面发挥的作用越来越明显。

根据国家能源局数据显示，截至2023年6月，中国可再生能源发电总装机容量突破13亿千瓦，达到13.22亿千瓦，同比增长18.2%，约占中国发电总装机容量的48.8%。其中，水电装机容量4.18亿千瓦，风电装机容量3.90亿千瓦，太阳能发电装机容量4.71亿千瓦，生物质发电装机容量0.43亿千瓦。

中共中央国务院《关于完整准确全面贯彻新发展理念 做好碳达峰碳中和工作的意见》指出："2030年，非化石能源消费比例达到25%左右，风电、太阳能发电总装机容量达到12亿千瓦以上；到2060年，非化石能源消费比例达到80%以上。"中国可再生能源将进一步引领能源生产和消费革命的主流方向，发挥能源绿色低碳转型的主导作用，为实现碳达峰碳中和目标提供主力支撑。

5.2.2.2　太阳能资源光伏发电状况

光伏发电大幅度增长。从2021年情况分析，中国新增光伏发电装机容量约为5488万千瓦，其中，集中式光伏电站新增2560.07万千瓦，分布式光伏电站新增2927.9万千瓦。截至2021年，光伏发电累计装机容量约为3.1亿千瓦，其中，集中式光伏电站累计装机容量约为2.0亿千瓦，分布式光伏电站累计装机容量约为1.1亿千瓦。从光伏发电量情况分析，2021年达到3259亿千瓦时，较上年增长25.1%，较2012年增长约90倍（表5.3）。

表 5.3　2011—2021 年太阳能光伏发电发展情况

年份	新增光伏发电装机容量/万千瓦	光伏发电累计装机容量/万千瓦	光伏发电量/亿千瓦时
2011	196	212	6
2012	129	341	36
2013	1248	1589	84
2014	897	2486	235
2015	1732	4218	395
2016	3413	7631	665
2017	5311	12942	1166
2018	4421	17363	1775
2019	3022	20385	2238
2020	4820	25205	2605
2021	5488	30693	3259

数据来源：国家能源局。

从各省份光伏发电状况分析，2021 年，新增光伏发电量最多的省份是山东，达到 1070.9 万千瓦，其次为河北，达到 730.0 万千瓦；累计发电量最多的省份是山东，达到 3343.3 万千瓦，其次为河北，达到 2921.3 万千瓦(图 5.2)。

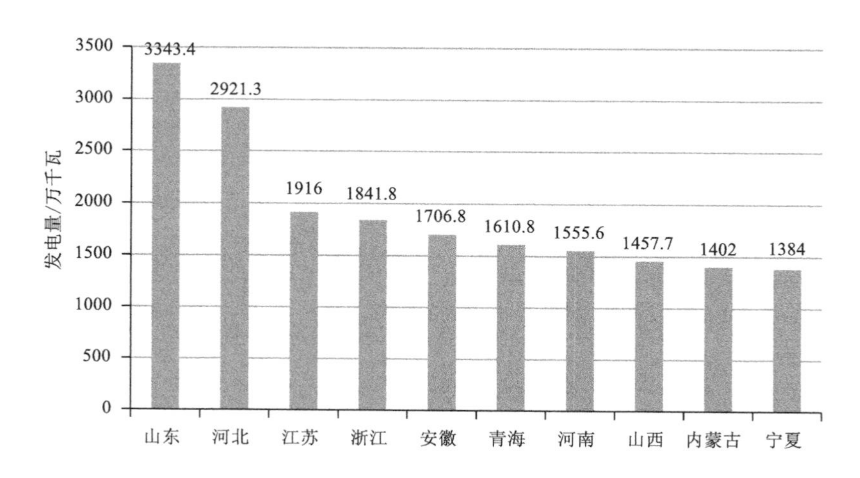

图 5.2　2021 年有关省份太阳能光伏发电量(数据来源：国家能源局)

5.2.2.3　风能资源发电状况

2021年，中国风能发电新增装机容量4757万千瓦，其中，陆上风能发电新增3067万千瓦，海上风能发电新增1690万千瓦。从新增分布看，中东部和南方地区占比约61%，“三北”地区占比39%。从各省份风能发电状况分析，2021年，风能发电量最多的省份是内蒙古，达到3996万千瓦，其次为河北，达到2546万千瓦(图5.3)，风电开发布局进一步优化。到2021年，全国风能发电累计装机容量3.28亿千瓦，其中陆上风能发电累计3.02亿千瓦，海上风能发电累计0.26亿千瓦。2021年，全国风能发电量6526亿千瓦时，同比增长约39.9%(表5.4)；全国利用小时数达2246小时，利用小时数较高的省份中，福建2836小时，内蒙古2626小时，云南2618小时。

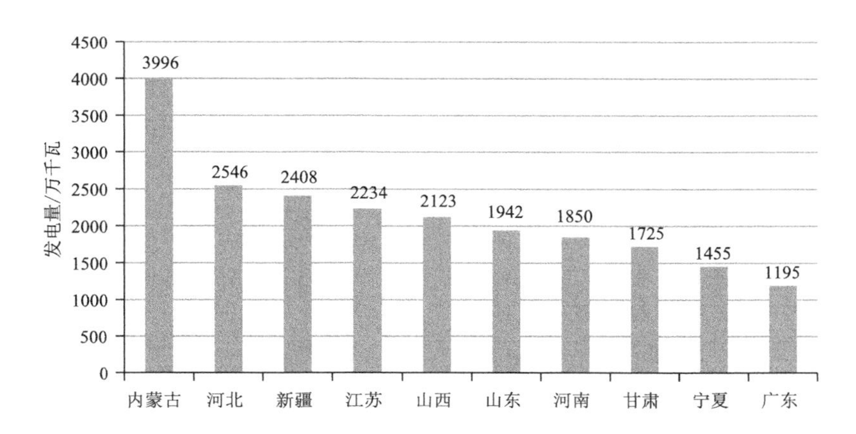

图5.3　2021年有关省份风能发电量(数据来源:国家能源局)

表5.4　2011—2021年风能发电发展情况

年份	新增风能发电装机容量/万千瓦	风能发电累计装机容量/亿千瓦	风能发电量/亿千瓦时
2011	1763	0.46	741
2012	1296	0.61	1030

续表

年份	新增风能发电装机容量/万千瓦	风能发电累计装机容量/亿千瓦	风能发电量/亿千瓦时
2013	1609	0.77	1383
2014	2320	0.97	1598
2015	3297	1.31	1856
2016	1930	1.47	2409
2017	1966	1.63	3034
2018	2059	1.84	3660
2019	2574	2.10	4057
2020	7167	2.81	4665
2021	4757	3.28	6526

数据来源:国家能源局。

5.2.2.4 水能资源发电状况

根据国家能源局数据,2021年,中国新增水能发电装机容量2349万千瓦,全国水能发电装机容量约3.91亿千瓦(其中抽水蓄能0.36亿千瓦),全国水能发电量13390亿千瓦时(国家统计局,2022,2023)。2022年,全国水能发电装机容量41350万千瓦,较上年同期增加2258万千瓦,同比增长约5.8%。2022年,全国基建新增水能发电装机容量2387万千瓦,全国水能发电量13522亿千瓦时(图5.4)。水能发电装机容量最多的10个省份,分别是四川、云南、湖北、贵州、广西、湖南、青海、新疆、甘肃、福建。

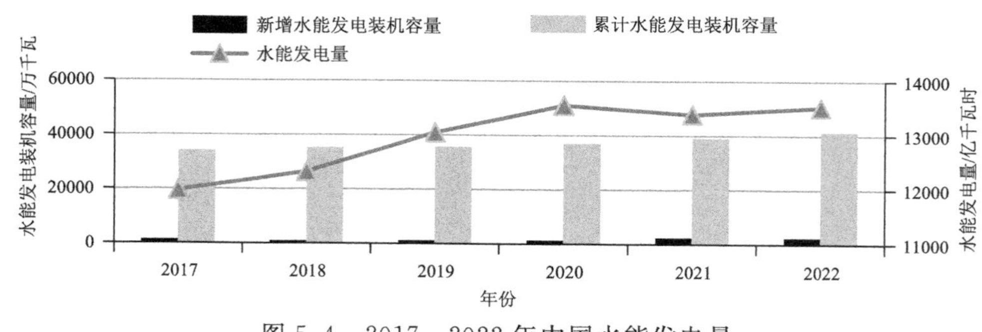

图5.4 2017—2022年中国水能发电量

5.3 气候资源转化为能源经济面临的挑战

中国具有丰富的气候资源,从以上分析看,太阳能、风能和水能均具有巨大潜力和广阔开发前景。但是,气候资源是地球运动长期演化形成的结果,是地球一切生命之源,其不仅具有巨大的经济价值,更具有自然价值、生态价值、社会价值和文化价值,特别在一些生物多样性较丰富的区域,生物资源丰富,森林、湿地、草原、荒漠等生态系统均有分布,但其生态系统十分脆弱,一旦其气候环境和生态系统遭到破坏,影响极大且很难恢复。因此,生态和灾害问题必将成为中国未来气候资源开发面对的主要挑战。

5.3.1 气候变化约束

气候资源是可再生性资源,一般来讲,一个地区气候资源具有相对稳定性,因此,对一个地区气候资源进行经济开发利用,通常使用该地区30年的气候平均状况,就可以保持相对稳定的预期。但由于气候资源转化为能源经济的开发利用将受到气候变化约束,气候变化可能造成太阳能资源、风能资源和降水资源的分布变化,从而影响其开发利用效益。

近100年来,尤其是20世纪70年代以来,全球呈现显著升温的异常态势,升温超出过去数百年气候系统自然变率,世界气象组织发布的《2020年气候状况报告》显示,2020年是有记录以来最暖的三个年份之一,全球平均温度较工业化前水平高出1.2 ℃左右。2011—

2020年是有记录以来最暖的十年。超过80%的海域至少经历了一次海洋热浪,全球平均海平面继续上升。北极夏季海冰覆盖面积最低值达374万平方千米,这是有记录以来第二次缩减到不足400万平方千米,格陵兰冰盖质量损失约1520亿吨。从中国气候变化看,《2020年中国气候公报》和《2020年中国海平面公报》表明:2020年,全国年平均气温10.25 ℃,比常年(1981—2010年)平均偏高0.7 ℃;沿海海平面较常年高73毫米,为1980年以来第三高。气候变化对中国农业、水资源、生态系统、能源产生明显影响。进入21世纪以来分析气候变化对气候资源的影响,主要反映在以下几个方面。

(1)高温干旱持续时间延长,造成能耗超常增加

气候变化最明显的特征之一,就是造成高温干旱持续时间延长,人们为抵御高温和干旱灾害将大幅度增加能源消耗,这种情况到每年夏季显得非常突出,高温干旱可能增加的太阳能发电量远不及由此而增加的电能消耗。

(2)气象灾害频率和强度大幅增加,将严重影响气候资源转化为能源经济

气候变化可能造成降雨(雪)、台风、龙卷、大风和洪水等灾害天气频次、强度增加,而气候资源转化为能源经济的条件是在一定气候资源阈值内,频繁的气象灾害可能打破这个阈值。

(3)气候变化影响规模和范围在不断扩大,特别是风力资源分布和水力资源分布都将可能受到气候变化大背景的影响

一些已开发和将开发的风区,由于气候变化可能造成大范围无风或少风,从而造成风电场建设达不到设计时的功率要求;一些已开

发和将开发的水电厂,由于气候变化可能造成大范围无水或少水而影响建设效益预期。

5.3.2 生态约束

气候资源是生态系统基础性资源,是生态系统演化的本底条件,过度的或不适当的气候资源开发必然受到生态系统约束。气候资源转化为能源经济的生态约束主要体现在以下几个方面。

(1)兼顾生态系统平衡而扩大开发利用成本

对一定区域而言,气候资源和生态系统具有相对稳定性,而且经过千百年的适应,一个区域的气候资源和生态系统具有相互促进的作用。如果人类要注入全新科学技术手段开发利用一定区域的气候资源,必然会对这个区域的生态系统造成不同程度的影响,原因在于一部分气候资源将从生态自然利用转化为人类科技手段的经济利用,从而影响或阻断或减少或改变生态系统对自然气候资源的利用。因此,人们在推进气候资源转化能源利用的工程建设中,就面临考虑设计保持生态系统平衡的问题,并且扩大开发利用建设成本。如水电资源开发设计前对鱼类、两栖类生物种或部分特定区域植物进行考察,并在建设时给予保护,从而使气候资源开发利用不至于明显影响生态系统。在太阳能和风能开发进程中都存在类似情况,在气候资源转化能源经济开发利用进程中,通过增加相应建设成本,以充分考虑生态系统平衡与稳定。

(2)开发利用应考虑生态系统平衡相互促进

在一些荒漠、沙漠、石荒、边荒、荒岛和海洋区域存在丰富的气候资源，把这些区域的太阳能、风能气候资源开发转化为能源发电，可能成为降低用地成本的重要选项，也深得边远和贫困地区的人们欢迎。因此，一些长年的荒石山、沙漠，以及一些草原、海岛和海洋等区域的太阳能、风能被大范围开发发电。同时为促进这些区域的生态系统恢复，或降低气象灾害强度和频次，一些开发企业采取一些生态保护和恢复性措施，从而促进了气候资源开发利用与生态系统平衡相互促进。如 2005 年，中国西藏羊八井在戈壁阳光变能源的示范基地，建成四块朝着太阳熠熠发光、每块面积约 197 平方米的银色太阳能光伏陈列组，将太阳能源源不断地转化成直流电，再通过逆变变成交流电，升压后送到高压电网。这是中国首座直接与高压输电网并网的 100 千瓦太阳能光伏电站，它的建成标志着中国掌握了百千瓦级和高压输电网并网的光伏电站的核心技术，在荒漠、戈壁发展大型光伏并网发电系统并向全国输送的技术已经成熟，从而促进了对气候资源利用发电区域的生态系统改善，既实现了气候资源有效开发利用，又促进保持生态系统的目标。又如中国有的地区通过修建水库水坝，不仅实现了水能资源的利用，而且对留住当地生态用水也发挥了重要作用，明显改善修复了当地生态环境，甚至形成水库风景名胜区，从而实现了开发利用与生态系统相互促进。

(3)严重影响或可能破坏生态系统

气候资源不仅是植物生长发育的必备资源，也是植物生长发育和活动的自然环境。经过论证，人类对气候资源开发利用可能不会影响到植物的利用，但是由于人类气候资源开发利用活动可能改变了植物生长发育和活动的自然环境，同样可能对生态系统造成严重影响或可能破坏生态系统。如未经论证的风能开发，一些风能富集区可能经过风能普查，非常适合风能资源开发，但是有的风能带可能也是大量候鸟过往带，如果在这一带开发风能就可能影响候鸟迁徙，甚至大量候鸟因风叶撞伤或撞死，这就会造成生态环境被严重破坏，最终必将拆弃风电场而让渡于候鸟迁徙。又如大江河流的水能资源开发，必须考虑生态系统平衡，尤其是下游的生态补水、泥沙生态和重要植物的保护等，否则也可能造成流域性生态系统破坏。事实上，通过修筑大坝开发水能发电，遇到的生态问题会很多，如泥沙对于河势、河床、河口和整个河道的影响，从生态角度讲，是修建大坝产生的最根本的影响；水库蓄水后，水面扩大，蒸发量增加，水汽、水雾就会增多等，局地气候就会受到影响；还有大坝修建后可能会触发地震、崩岸、滑坡、消落带等不良地质灾害；下游水量会受到大坝调节影响，下游湿地因缺乏大流量的补水可能受到严重影响。因此，这些生态问题会成为水能资源开发的重要约束。

5.3.3 灾害约束

气象灾害或气象次生灾害是在气候资源开发利用过程中均可能面临的约束性问题。一个区域的气象灾害或气象次生灾害既制约着这个地区经济社会发展，同时也对当地气候资源转化能源开发利用形成约束，其灾害约束体现在如下几个方面。

(1)增加气候资源开发利用成本

太阳能和风能气候资源转化为能源的开发利用，目前大多是利用一些荒漠、沙漠、风口、石荒、边荒、荒岛和海洋区域，但是这些区域的气候环境相对恶劣，气象灾害和气象次生灾害相对多发频发，太阳能和风能开发利用当然必须增加相应防御设施和增加灾害防御成本，否则就难以达到资源转化利用的目标。水力资源开发同样应考虑气象灾害和次生灾害问题，如滑坡、泥石流、堰塞湖、洪水、冻融等灾害问题，设计建设时必须考虑增加这一部分成本。

(2)增加气候资源开发利用风险

根据气候资源开发利用设计情况，一般采用过去30年气象数据和资料为依据，包括在这30年气象灾害出现的极值。但事实上在建设和运维中，如果出现气象灾害极值，气候资源开发利用工程都将受这种极值的挑战检验，暴雨(雪)、台风、龙卷、大风、洪水和雷电等直接气象灾害，还有滑坡、泥石流等次生气象灾害，发生这些灾害性天气都将对气候资源开发利用造成较大风险，哪怕在设计阈值范围内都可能难以避免造成灾害性损失。但在实施中还可能发生超出设计阈值范围的天气灾害，从而给气候资源开发利用造成巨大风险，甚至可能造成基础建设全部损毁。

(3)增加气候资源开发利用建设与运维难度

在气候资源转化为能源的开发利用过程中，气象灾害会明显增加工程建设难度和运维难度。因此，在实施建设和运维的过程中，还需要投资建设或购买气象服务保障。全国大型水力发电公司除自身设有水文气象台外，还与当地的省级、地级气象台实现数据共享，如三峡公司与国家级和省级气象单位建立了长期服务关系，在整个库区气象部门共同布局自动气象观测站点。太阳能电力场和风电场的设计都需要经过气候资源开发论证，而且需要接受太阳能、风能电功率预报服务，以提高气候资源能源转化效率，降低气象灾害风险。

5.3.4　不确定性约束

气候资源转化为能源开发利用，尽管前期经过科学调查与论证，到建成或运行以后，仍然会出现原先预设不足和尚未预设的风险或危险。如水电梯级开发后对下游湿地区域生态长期性影响后果，库区气候影响的长期平衡过程及极端性风险，太阳能和风能大规模开发利用后在多大空间范围内会产生影响，这种长期性影响是否可能引发其他灾变等。这些不确定性约束可能在工程建成及运维中逐步显现，相应地就可能推高运行和维护成本。当这种成本长期超过获取效益时，就可能导致工程废弃。

5.4　空中水资源开发利用

5.4.1　空中水资源开发概况

人工影响天气，是指为避免或者减轻气象灾害，合理利用气候资源创造经济价值的活动过程，是现代气象科技开发利用气候资源的重要手段。1956年1月，毛泽东主席召开最高国务会议讨论并通过《1956—1967年全国农业发展纲要》，计划将人工降雨试验列入“气象科学研究12年远景规划”重点项目，毛泽东主席提出“人工造雨是非常重要的，希望气象工作者多努力”。同年10月，制定了《1956—1967年全国气象事业发展纲要》，随后确定开展云与降水物理过程和人工控制水分状态的试验研究，1957 年选派留学生赴苏联学习云物理和人工影响天气的相关内容。

我国人工影响天气工作开始于 1958 年，在吉林等地进行人工增雨抗旱作业。继吉林首次进行了飞机人工增雨作业后，河北、湖北、安徽、甘肃、江苏、江西、辽宁、陕西、内蒙古等地先后开展了人工影响天气试验和作业。改革开放之后，我国人工影响天气工作得到了及时调整，1987 年，人工影响天气作业在扑灭大兴安岭森林大火中发挥了重要作用，各地规模化作业全面恢复。1988 年 7 月，召开了全国云物理和人工影响天气科学讨论会，总结了 1958 年以来人工影响天气工作取得的进展和在防灾减灾中的重大效益。1995 年经国务院批准，中国气象局以“全国人工影响天气协调会议”名义召开了全国人工影响天气工作会议。2002 年 3 月，国务院颁布了《人工影响天气管理条例》。2009 年，《全国新增 1000 亿斤①粮食生产能力规划(2009—2020 年)》，在农业气象防灾减灾中明确提出，加强人工增雨和防雹能力建设，完善人工增雨防雹体系，提高人工影响天气作业及保障能力，并在农业气象保障体系建设中将人工增雨防雹工程作为三个工程项目之一予以纳入。2012 年以后，国家发展改革委和中国气象局联合制定并实施《人工影响天气发展规划(2014—2020 年)》，将全国划分为 6 大区域，加强统筹协调，中央和地方共同建设发展人工影响天气。

2000 年以来，全国人工影响天气重大活动保障进入了一个新的

① 1 斤＝0.5 千克。

发展阶段,服务效益更加显著。根据统计,2002—2011年,全国组织地面人工增雨防雹作业共55.88万次,飞机作业7303架次,累计增加降水量4897亿立方米,减少雹灾损失约660亿元,估算平均投入产出比1∶30。

5.4.2　我国空中水资源开发状况

我国人工影响天气装备现代化能力大幅度提升。国家发展改革委、财政部积极支持国家级和区域人工影响天气工程建设,西北区域工程已基本完成建设任务,中部区域工程开工建设,新增高性能人工影响天气飞机作业,人工影响天气试验示范基地建设有序推进。技术先进的"天基—空基—地基"云水资源立体探测系统逐步建成,我国成功发射风云三号E、风云四号B气象卫星,优化了探测装备布局,增加了多种观测设备,积极推进云雾观测数据集和飞机探测数据集研制。新疆强化防雹减灾为农服务体系建设,建立山区空中云水资源梯度监测系统和绿洲农业区冰雹云小型雷达监测预警网络。工信部、民航局开发翼龙2气象无人机系统,探索大型无人机作业新手段。湖南、广西、四川等省(区)建设人工增雨防雹监测预警、装备及技术试验一体化的作业示范区。人工影响天气指挥调度和区域协同水平得到提升。中国气象局强化人工影响天气中心职能,发挥国家级龙头带动作用。

我国先后开展了精细化云预报试验,将人工影响天气业务模式水平分辨率从3千米提高至1千米并开展试用,云水资源预报在重大服务中应用。改进了人工影响天气催化模式,实现了飞机、火箭等多种催化作业方式的仿真模拟。提升了国家级业务平台支撑能力。全国人工影响天气综合信息系统正式投入业务运行。开展国家级人工影响天气核心业务系统融入“气象大数据云平台”工作。

到2021年，全国人工影响天气作业可用高炮5281门，可用火箭7916架，从各省份人工影响天气作业装备配置（图5.5、图5.6、图5.7）分析，2021年，可用高炮数量最多的是黑龙江，达611门，火箭最多的是云南，达932架。

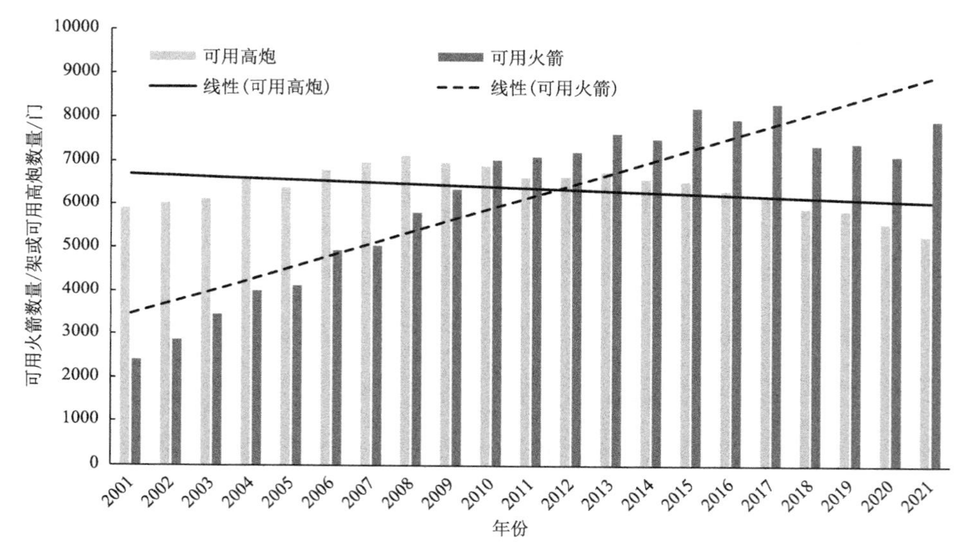

图5.5　2001—2021年我国人工影响天气作业可用火箭数量、可用高炮数量
（数据来源：《气象统计年鉴》，2001—2021年）

我国先后开展了人工影响天气生态气象保障试验研究，重点研发项目“人工影响天气技术集成综合科学试验与示范应用”在华北开展三次多机联合试验，获得两套星—空—地联合观测数据集；在西北观测试验中揭示了祁连山地形云冰雪晶的增长机制；对燃气炮的增雨效果有了初步的试验证据；基于飞机观测数据评估了数值模式中

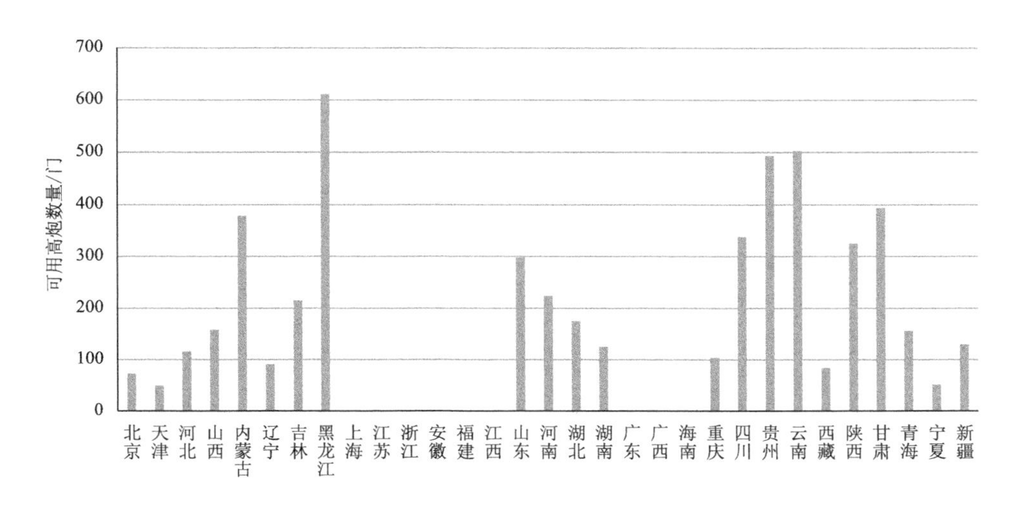

图5.6　2021年各省人工影响天气作业可用高炮数量
（数据来源:《气象统计年鉴》,2021年）

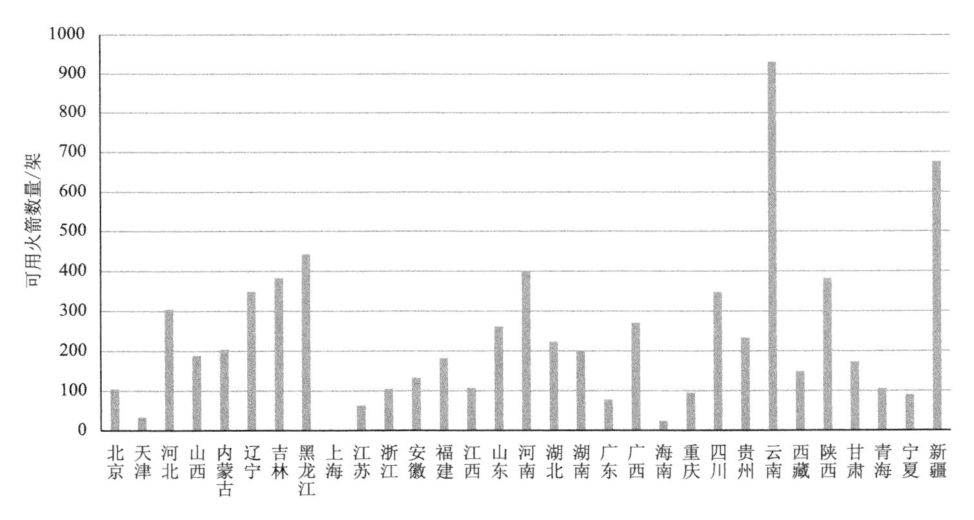

图5.7　2021年各省人工影响天气作业可用火箭数量
（数据来源:《气象统计年鉴》,2021年）

的微物理方案。“云水资源评估研究与利用示范”项目取得了新进展,给出了各类不同需求区域云水资源气候评估应用及特性规律的认识;提出针对特定目标区云水资源精细评估预估及耦合开发关键技术；在典型区域开展云水资源空—陆耦合开发成套技术应用示范。

全国实施人工影响天气，取得了显著的服务效益。据统计（图5.8），2021年，全国气象部门针对干旱、冰雹等灾害性天气和生态环境保护与修复需求，共开展飞机人工增雨（雪）作业1186架次，地面增雨作业2.3万次，防雹作业2.5万次。增雨作业目标区面积达到500.2万平方千米，增加降水量达到367.8亿吨；防雹作业保护面积达65.4万平方千米，防雹效益124.3亿元。根据评估，2012年以来人工影响天气产生经济效益年平均达到500亿元。

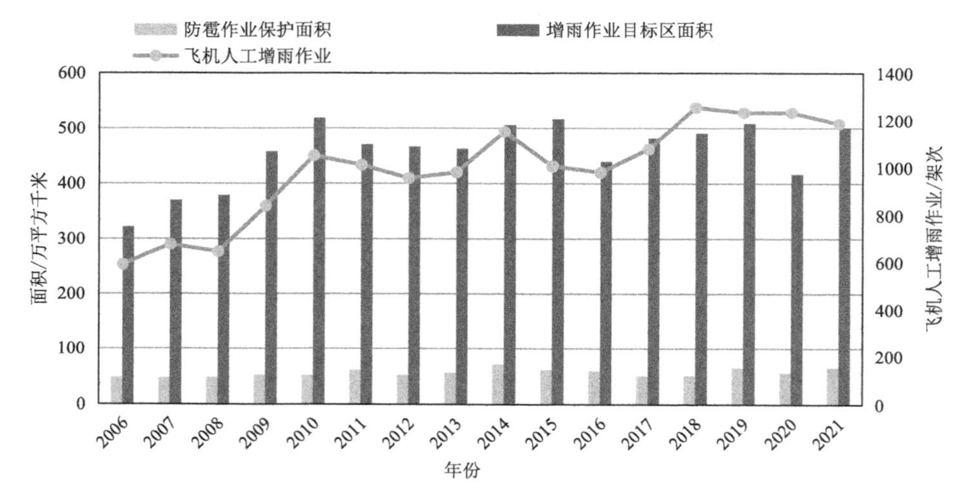

图5.8　2006—2021年人工影响天气作业量
（数据来源：《气象统计年鉴》，2006—2021年）

参考文献

国家统计局，2022. 2022中国统计年鉴[M]. 北京：中国统计出版社.

国家统计局，2023. 2023中国统计年鉴[M]. 北京：中国统计出版社.

侯建朝,谭忠富,谢品杰,等,2008.世界风能资源开发现状和政策分析及对我国的启示[J].中国电力(9):65-68.

黄泽全,2005.可再生能源的开发和利用[J].人民论坛(5):56-57.

尚丽萍,2020.全球光伏产业发展形势及预测[J].太阳能(5):16-22.

水电水利规划设计总院,2018.2017中国光伏发电行业发展报告[M].北京:中国经济出版社.

水电水利规划设计总院,2021.2020中国光伏发电行业发展报告[M].北京:中国经济出版社.

宋忠诚,2015.中国太阳能热水器产业创新价值的重要性及应用探讨[J].东方企业文化(13):382.

许健民,2004.中国气象事业发展战略研究·气象与国家安全卷[M].北京:气象出版社.

杨永江,张晨笛,2021.中国水电发展热点综述[J].水电与新能源,35(9):1-7.

杨子儒,李诚康,周兴波,2022.2021年全球水电发展现状与开发潜力分析[J].水利水电科技进展,42(3):39-44,56.

尤如瑾,2007.全球太阳热能产业发展[J].电子与电脑(12):86-90.

张博庭,2019.中国水电70年发展综述——庆祝中华人民共和国成立70周年[J].水电与抽水蓄能,5(5):1-6,11.

中国气候变化国别研究组,2000.中国气候变化国别研究[M].北京:清华大学出版社.

中国水力发电工程学会,中国大坝协会,中国水利水电科学研究院,2011.世界水电发展概况[J].中国三峡(1):54-58.

舟丹,2023.太阳能光伏产业发展现状[J].中外能源,28(2):50.

第 6 章　气候资源对中国经济行业效益贡献率评估

广义的气候资源关系到每个经济行业部门，尤其在发展绿色经济背景下，人们更关注气候资源开发利用和保护的经济价值。因此，如何科学合理地评估气候资源对中国经济增长产出的贡献率，不仅成为学术界专家的重要研究课题，更成为许多决策者和实践者高度关注而且倾力支持的问题。

6.1　气候资源对经济产出贡献问题提出

天气气候通过影响一个行业的产品和服务的供应和需求来影响经济，本书把这种影响称为气候资源贡献。通常，天气气候对经济活动的影响主要集中在供应方面，但对某些行业由于天气气候原因也会特别影响市场需求，如房地产行业，人们会愿意到避暑或过冬胜地投资买房满足度假养生需求。再如，以北京延庆滑雪场为例，解释气候资源条件如何影响经济活动，滑雪的总天数是价格和需求量之间的关系。假设其他外部条件（如收入水平、偏好、运动潮流等）保持不变，那么天气条件如降雪量、降雪雪况、温度和风寒将决定人们对于滑雪的需求。当天气条件(W_1)好于初始天气条件(W_0)时,那么人们对于滑雪的需求就会提高,也就意味着滑雪天数增加,滑雪收入提高;天气条件差于初始天气条件时则反之。在供给方面,在滑雪场的资本、劳动力、能源和技术水平等外部因素保持不变的情况下,那么天气条件如降雪量、降雪雪况、温度和风寒将决定滑雪场的供给能力。当天气条件(W_1)好于初始天气条件(W_0)时,能用更低的成本维护滑雪场,开放更多的滑雪区,接纳更多的消费者,那么滑雪场就能有更高的供给能力,更好的收入水平,当天气条件差于初始天气条件时则反之。如图 6.1 所示,当天气条件变得优于初始天气条件时,导致供需改变增加的浅色阴影区域就是气候资源要素变化时对经济的影响。其实,在许多经济生产领域产出都可能存在天气气候条件和气候资源状况影响经济效益的情况。

气候资源或气候资源要素对不同行业经济增值的贡献研究,已经取得了较多成果。如 *Nature* 基于 C-D 生产函数[①]法,研究表明,湿润天数和极端日降水量的增加会降低经济增长率,产生负面的全球经济后果;全球气温的增加会导致更大的经济风险,预计到 2100 年全球平均收入将减少约 23%。美国采用 70 年气象记录以及主要经济部门 24 年(1980—2003 年)的数据,将美国 48 个州 11 个行业经济产出对天气要素(主要指温度和降水)的敏感性进行分析,结果表明,天气要素(主要指温度和降水)对美国国民生产总值的影响为 3.4%。就具体行业来看,天气因素对矿业经济的影响为 14%,对农

① C-D 生产函数:柯布-道格拉斯生产函数,即 Cobb-Douglas 生产函数。

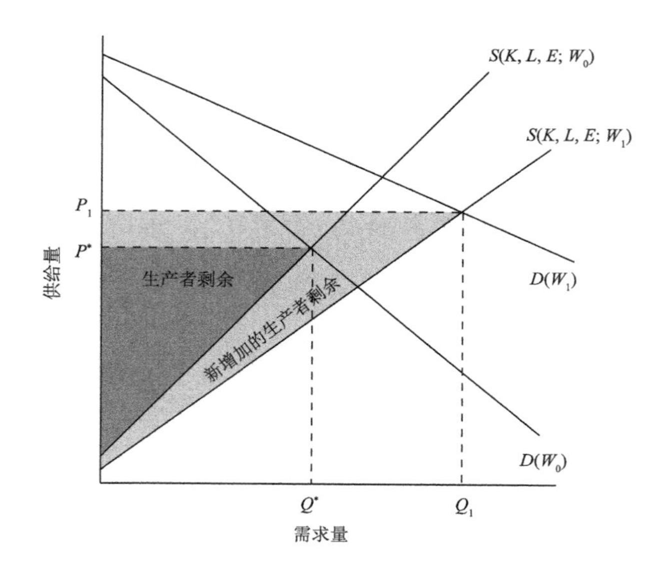

图 6.1　气候资源要素如何从供给和需求两方面影响经济活动

（K 为资本，L 为劳动力，E 为能源；W_0 为初始天气条件，W_1 为当天天气条件；P^* 为供给小于需求点，P_1 为供给需求平衡点；Q^* 为供给大于需求点，Q_1 为需求供给平衡点；S 为供给与需求变化面积，D 为需求变化量）

业的影响为 12%；其他敏感行业包括制造业（8%）、金融保险（8%）和公用事业（7%）、批发业（2%）、零售业（2%）和服务业（3%）（Demuth et al.，2016；Fant et al.，2020；Dutton et al.，2002；Melvin et al.，2017；Anderson et al.，2015）。

中国学者基于 C-D 生产函数法的应用也对此做了大量的研究与实证分析。罗慧等（2010）基于 C-D 生产函数法，综合分析了中国 31 个省份 23 年（1984—2006 年）的行业和气象数据，结果表明，中国经济产出对气象条件变化敏感度为 12.36%。芮珏等（2011）分析了江苏省行业经济产出受气象因素影响的大小，得出各行业的敏感性排名依次为建筑业（18.54%）、农业（18.02%）、批发和零售业及餐饮业(16.56%)、房地产业(13.23%)、工业(8.82%)。孙鉴锋等(2017)得到了北京市各行业对气象条件的敏感性排名,依次是建筑业(0.4995%)、批发和零售业(0.4176%)、金融业(0.2933%)、交通运输仓储和邮政业(0.2806%)、工业(0.2799%)、住宿和餐饮业(0.2710%)、卫生与社会保障和社会福利业(0.2691%)、文化体育和娱乐业(0.2607%)、农业(0.2537%)。

本书借鉴已有研究成果,应用计量经济方法就气候资源及条件对全国GDP及分省份和分行业经济产出的贡献进行分析,并拓展应用C-D生产函数,研究气候资源中以温、水、光为主要气候因素作为一种影响经济增长的生产力投入要素,度量其与资本、劳动投入等共同作用于经济行业产出的贡献量。

6.2 评估模型与评估数据

6.2.1 评估模型

C-D生产函数是研究投入和产出关系的生产函数,是当前经济学中使用最广泛的一种宏观经济经验模型,被广泛用于分析某一种要素对经济产出的影响,它是一种多因素分析法,可用于开展生产过程中要素投入对产出贡献大小的经济分析。

C-D生产函数是由美国经济学家保罗·道格拉斯(P. H. Douglas)和数学家查理·柯布(C. W. Cobb)根据历史统计资料研究20世纪初美国的资本投入量与劳动投入量和对产量的影响

时得出的一种生产函数。早期经典的C-D生产函数只考虑劳动投入量和资本投入量与产量之间的关系(式(6.1)和式(6.2))。在经过多年的研究实践后,众多学者对作为基本宏观经济模型的C-D生产函数进行了各种修正,在经典函数的基础上加入新变量来研究其他要素投入对产出的影响(式(6.3)和式(6.4))。

但该C-D生产函数仍存在一些缺陷,如无法捕捉投入要素之间的交互关系。为了更好地评估气候资源要素对经济产出的影响,Lazo等(2011)在改进后C-D生产函数的基础上加入了投入要素的二次项与交叉项(式6.5),加入二次项和交叉项后能够捕捉不同变量之间的非线性关系、替代关系和协同关系,从而提高模型拟合的准确性。本书将采用该模型评估气候资源要素对经济产出的贡献状况。

$$Q = AL^{\alpha}K^{1-\alpha} \tag{6.1}$$

$$\ln Q = \ln A + \alpha \ln L + \beta \ln K \tag{6.2}$$

式中,Q代表产量,L代表劳动投入量,K代表资本投入量,A是常数且$A>0$,α是劳动力产出的弹性系数且$0<\alpha<1$。将式(6.1)两边自然对数线性化后得到式(6.2)。

$$Q = AL^{\beta_L}K^{\beta_K}W^{\beta_W} \tag{6.3}$$

$$\ln Q = \ln A + \beta_L \ln L + \beta_K \ln K + \beta_W \ln W \tag{6.4}$$

式中,Q代表产量,L代表劳动投入量,K代表资本投入量,A是常数,W代表气候资源要素。β_L、β_K和β_W为弹性系数,分别表示劳动投入量、资本投入量和气候资源要素对经济产出相应于解释变量变化的敏感性系数。具体来说,即当劳动和资本保持不变的情况下,β_W

表示当气候资源要素变量($\ln W$)发生1%的变化时,将引起经济产出变量($\ln Q$)的百分比变化。将式(6.3)两边自然对数线性化后得到式(6.4)。

6.2.2 计算方法

为了能定量分析气候资源条件变量对中国各地区、各行业的影响程度,采用计量经济模型——面板数据模型(又称时间序列截面数据),与仅利用截面数据或仅利用时间序列数据模型相比,面板数据模型具有不可替代的作用,其优势主要表现在:由于观测值的增多,可以增加估计量的抽样精度;建模时比单截面数据建模可以获得更多的动态信息。由于各省份之间存在较大差异,因此,分析数据时,为充分考虑各省份基本情况选择了固定效应模型。

6.2.3 经济社会统计资料

经济社会数据来源于《中国统计年鉴》。本书选取的经济指标数据包括:

①全国31个省(区、市)1998—2020年分行业的GDP,其中行业分别为:农林牧渔业、工业、建筑业、运输和邮电通信业、批发和零售业、住宿和餐饮业、金融保险业、房地产业。

②全国31个省(区、市)1998—2020年上述8个行业的年末在岗就业人数(L)。

③全国31个省(区、市)1998—2020年上述8个行业的固定资产投资(K)。

消费者物价指数(CPI)是衡量物价变化和反映通货膨胀的常用指标。本书通过《中国统计年鉴》公布的CPI指数对GDP及固定资产投入按照当前购买力(购买力基准年为2020年)进行了折算。

$$I_{\mathrm{DGDP}} = \mathrm{GDP} \times \frac{\mathrm{CPI}_{2020} \times 100}{\mathrm{CPI}_t \times \mathrm{CPI}_{t-1}} \tag{6.6}$$

式中，I_{DGDP}为国内生产总值平减指数，GDP为国内生产总值，CPI为消费者物价指数，t为年份。

6.2.4 气象资料

气候资源使用的气象数据采用中国气象数据网1998—2017年31个省(区、市)2600个站点的气温、降水量、日照时数等气候资源要素。当涉及气候资源的气候资源要素对某一特定行业产出的影响研究时，本书充分考虑了行业特性，针对不同行业本身的性质选取对该行业影响最大的气候资源要素，因此不同的行业间所选用的气候资源要素或有不同。

6.3 温度与降水对全国经济产出的贡献率评估

6.3.1 气候资源指标的选取

当前大量学者在研究气候资源要素对经济产出的影响时，主要评估温度和降水对经济产出的影响，如Lazo等(2020)在评估气候资源要素对美国经济行业的影响时，主要采用了温度(供暖日指数

(HDD)、制冷日指数(CDD))和降水(单位面积年总降水量(P_{tota})、年总降水量标准差(P_{st}))这两大类 4 个气候资源要素分指标(式 6.7)。本书选取了这 4 个气候资源分指标来评估温度和降水对中国各行业、各省(区、市)的地区生产总值及对中国 GDP 的贡献率影响。

$$I_{CDD} = \sum_{i=1}^{365}(T_{mean(i)} - 18)$$
$$I_{HDD} = \sum_{i=1}^{365}(18 - T_{mean(i)}) \tag{6.7}$$

式中,I_{HDD}为供暖日指数,表示假设当温度低于 18 ℃时,立刻额外供暖以保持温度处于经营活动最舒适的区间,I_{HDD}即一年内日平均温度累计低于 18 ℃的温度累积值。I_{CDD}为制冷日指数,表示当温度高于 18 ℃时,立刻制冷降温以保持温度始终处于经营活动最舒适的区间,I_{CDD}即一年内日平均温度累计高于 18 ℃的温度累积值。

6.3.2 模型系数与模型验证

通过 Stata 计量经济软件进行计算分析,基于拓展的 C-D 生产函数模型(式(6.6)),对 1998—2017 年 31 个省(区、市)的经济气候资源数据建立带时间趋势项的面板固定效应模型,分别对 8 个行业 GDP 进行模型参数估计,得到了 8 组面板数据模型回归结果(表 6.1)。

各行业模型拟合 GDP 与真实 GDP 之间的拟合判定系数(R^2)基本高于 0.9,农林牧渔业、工业、房地产业及运输和邮电通信业的拟合 R^2高于 0.95(表 6.1)。图 6.2 也表明模型拟合后的 GDP 与各行业真实GDP拟合得十分贴近，这说明本书建立的计量经济模型具有较高的准确性，对各行业的经济产出具有良好的整体拟合能力。

表 6.1 温度和降水对不同行业模型的拟合结果

变量名称	农林牧渔业	房地产业	工业	建筑业	运输和邮电通信业	金融保险业	批发和零售业	住宿和餐饮业
固定资产投资(lnK)	0.06**	0.64***	0.76***	0.35***	0.44***	0.06	0.64***	0.34***
劳动力(lnL)	−0.51***	0.25*	−0.27*	1.31**	−0.31***	3.79***	−0.19*	0.22**
供暖日指数($\ln I_{HDD}$)	−2.1^{8} **	−4.14**	−0.53	−5.10**	−0.72	0.18	−2.69	2.79
制冷日指数($\ln I_{CDD}$)	−2.16***	−4.43***	−0.68	−5.04**	−0.73	−2.09	−2.49	2.39
年总降水量($\ln P_{tota}$)	−0.30	−0.32	0.79	−1.87	−0.45	−0.99	−4.22	−2.55
年总降水量标准差($\ln P_{st}$)	−0.14	0.84	1.21	0.19	1.18	−0.74	3.65**	1.46
$\ln K \times \ln K$	0.01***	−0.01	0.01	0.03***	0.01	0.03***	−0.01	0.03***
$\ln L \times \ln L$	0.01	0.09***	0.10***	0.02	0.07***	−0.38***	0.09***	0.11***
$\ln K \times \ln L$	0.06***	−0.02	−0.05***	−0.14***	0.00	0.02	−0.01	−0.07***
$\ln I_{HDD} \times \ln I_{HDD}$	0.03	0.03	0.03	0.10*	0.03	−0.08	−0.02	−0.07*
$\ln I_{CDD} \times \ln I_{CDD}$	−0.01	0.07***	0.04***	0.09***	0.02	0.05*	0.06***	0.03
$\ln P_{tota} \times \ln P_{tota}$	−0.08	0.15	0.17	−0.09	0.13	0.09	0.19	0.32*
$\ln P_{st} \times \ln P_{st}$	0.06	0.19	0.15	0.37*	0.01	0.27	0.38**	0.39***
$\ln I_{HDD} \times \ln I_{CDD}$	0.19**	0.48***	0.15	0.29	0.07	0.11	0.19	−0.36**
$\ln I_{HDD} \times \ln P_{tota}$	0.08	−0.01	−0.11	0.25	−0.03	−0.03	0.29*	0.04
$\ln I_{HDD} \times \ln P_{st}$	−0.02	0.01	−0.04	0.02	−0.01	0.02	−0.19*	0.04
$\ln I_{CDD} \times \ln P_{tota}$	0.10	−0.01	−0.14*	0.43**	−0.03	0.16	0.23*	0.12
$\ln I_{CDD} \times \ln P_{st}$	−0.05	0.03	0.04	−0.13	0.06	0.02	−0.19*	−0.04
$\ln P_{tota} \times \ln P_{st}$	0.03	−0.37	−0.34*	−0.36	−0.22	−0.27	−0.57*	−0.69**
常数项	24.73***	31.83**	1.63	40.18*	8.24	8.34	28.87*	−11.37
判定系数(R^2)	0.98	0.97	0.98	0.84	0.96	0.92	0.94	0.94

注：*** 代表通过小于1%的显著性检验，** 代表通过小于5%的显著性检验，* 代表通过小于10%的显著性检验。

6.3.3 温度与降水对各行业的贡献

为了定量分析气候资源要素对全国各行业产值的贡献。本书计算了31个省份8个行业的经济活动对天气变化的敏感程度,并将非气候资源要素(即资本和劳动力)固定到各省(区、市)和各行业2016—2020年的均值,以此作为基线数据来控制潜在的单年畸变,并且这也代表了当前经济社会发展水平的一个相对稳态。将K和L保持在这些水平上,也默认当前的科学技术水平设定与2020年一致。通过保持K和L在2016—2020年的均值和科学技术水平在2020年,因为控制了非气候资源要素投入,因此当各省(区、市)和各行业的生产者剩余(GSP)发生变化时,这些变化就可以完全归因于气候资源的贡献。

本书将1987—2020年的供暖日指数、制冷日指数、年总降水量和年总降水量标准差的观测天气数据(1987—2020年)代入已经经过模型验证的C-D生产函数模型中(模型公式见式(6.5),模型系数见表6.1),得出每个行业和每个省的GSP的拟合值。各行业GSP拟合统计量详见表6.2。

中国不同行业的经济产出对气候资源及条件敏感性从大到小依次是农林牧渔业、住宿和餐饮业、批发和零售业、运输和邮电通信业、工业、金融保险业、房地产业、建筑业(图6.2、表6.3)。

表 6.2　全国各行业 GSP 拟合统计量

		全国真实 GDP 均值（2016—2020 年）/亿元*	拟合固定气象 GSP(31 省/34 年)，*K* 和 *L* 固定到各省 2016—2020 年的均值*						
			均值（34 年）	标准差	变异系数	最大值（34 年）及对应年份	最小值（34 年）及对应年份	范围（34 年）	百分位数（34 年）
行业	农林牧渔业	73173.98	53043.28	63.85	0.04	55966.27（1998 年）	49322.46（1989 年）	6643.81	12.80%
	住宿和餐饮业	16699.65	12382.09	19.22	0.05	12797.12（2018 年）	11437.47（1992 年）	1359.65	11.25%
	批发和零售业	91136.94	66783.38	136.08	0.08	67794.49（2007 年）	61329.41（1992 年）	6465.08	10.06%
	运输和邮电通信业	40877.31	34457.45	48.68	0.05	35331.58（2013 年）	32146.21（1993 年）	3185.38	9.43%
	工业	307625.13	278789.97	284.68	0.04	289382.24（2013 年）	267113.13（1993 年）	22269.12	7.99%
	金融保险业	73380.42	80589.09	178.03	0.09	84187.86（2002 年）	78473.75（2012 年）	5714.11	7.09%
	房地产业	65577.29	54298.29	60.42	0.04	56116.90（2016 年）	52651.40（2004 年）	3465.50	6.38%
	建筑业	66352.03	49224.38	88.94	0.08	51388.89（2005 年）	48978.09（1989 年）	2410.79	4.90%
合计		734822.75	629567.93						

注：* 货币已按当前购买力进行折算。34 年表示 1987—2020 年。

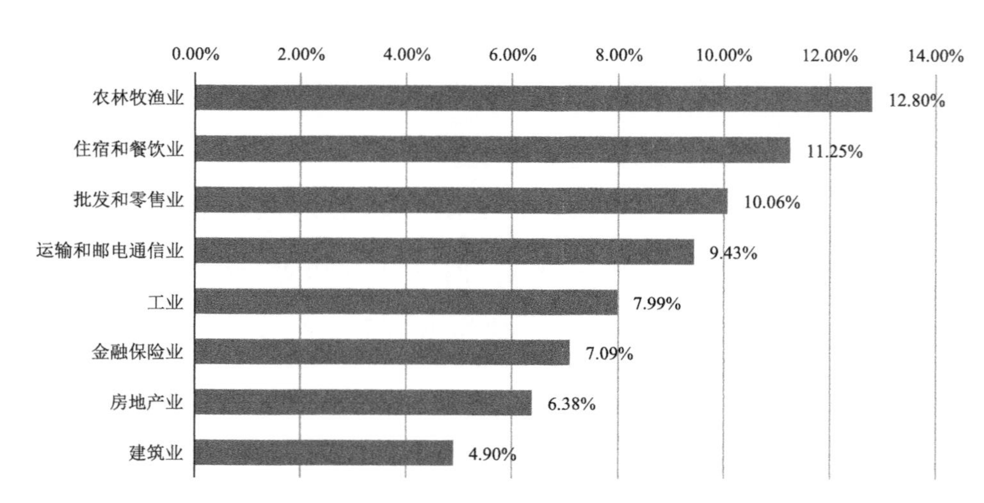

图 6.2　温度和降水对各行业产值的贡献率分布

表 6.3 本书中温度和降水对各行业产值的贡献率与国内外相关研究结果比较

美国(Lazo et al. ,2011)		中国(罗慧 等,2010)		本书	
行业	影响	行业	影响	行业	贡献率
农业	12.1%	农业	25.4%	农林牧渔业	12.80%
建筑业	4.7%	建筑业	14.7%	建筑业	4.90%
批发业	2.2%	批发和零售业	13.2%	批发和零售业	10.06%
零售业	2.3%				
采矿业	14.4%	工业	10.9%	工业	7.99%
交通业	3.5%	运输和邮电通信业	10.7%	运输和邮电通信业	9.43%
服务业	3.3%	服务业	10.7%		
金融业	8.1%	金融业	9.2%	金融保险业	7.09%
制造业	8.2%	房地产业	7.9%	房地产业	6.38%
公共事业	7.0%			住宿和餐饮业	11.25%
通信业	4.7%				

6.3.4 温度与降水对各省份的贡献

温度和降水对各省(区、市)的地区生产总值的贡献各有不同(图 6.3)。贡献比较大的省(区、市)主要集中在青海、新疆、海南、宁夏、山东和西藏,整体影响主要集中在 17%~28%。贡献相对较小的省(区、市)主要集中在福建、广西、四川、贵州、湖北等。

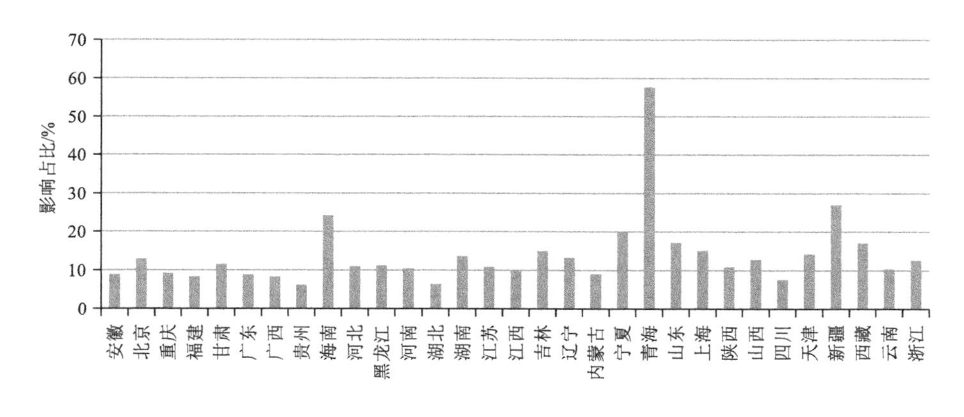

图 6.3 温度和降水对各省(区、市)产值的影响占比分布

6.3.5 温度与降水对全国经济增长的贡献率

气候资源及条件对全国 GDP 的贡献占比为 5.87%，2016—2020 年固定到 2020 年的真实 GDP 比拟合 GDP(842830.50 亿元)增多约 11.55%。

6.4 气候资源对农林牧渔业的贡献评估

6.4.1 气象指标的选取

农业气象指标主要分为热量指标、水分指标和光能指标。

(1)热量指标

适宜的温度条件是保障农林牧渔业进行优质生产活动的基本环境条件。有关温度的常用指标较多，本书主要选用积温指标。考虑到中国南北方、东西方的年平均温度存在较大的差异，例如，黑龙江、青海的年平均温度不足 5 ℃，广东、广西、海南的年平均温度均超过 20 ℃(图 6.4)，加上农林牧渔业是温度敏感行业，而且各区域的农林牧渔业对于本区域的气候都存在自适应的特征，研究表明，各省(区、市)农林牧渔业产值集中在多年平均温度的 95% 置信区间内，因此，将各省份的多年平均温度作为本省份的温度阈值。将一年内大于或等于本省份年平均温度的逐日平均气温的总和定义为暖积温；将一年内小于本省份年平均温度的逐日日平均气温的总和定义为冷积温。暖积温和冷积温反映的是本省份温度偏离多年平均温度

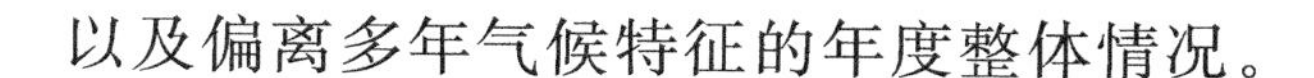

以及偏离多年气候特征的年度整体情况。

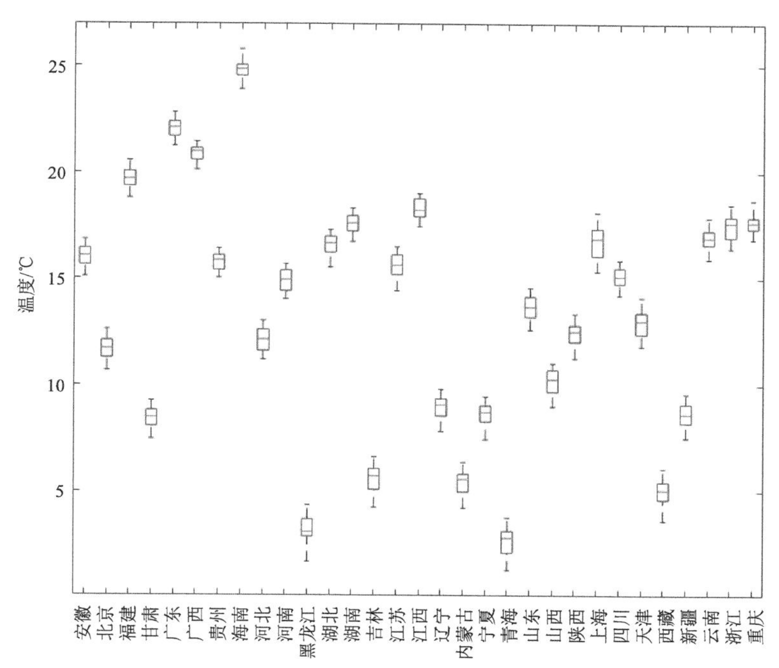

图6.4　1986—2020年31省(区、市)年平均温度箱装图分布

(2)水分指标

大气降水是农林牧渔业生产的主要来源,降水量及自然水体贮水量的多少,决定了一个地区的农林牧渔业的分布特征。水分指标常用的指标有年总降水量、年总降水量标准差、土壤湿度和有效水分储存量及湿润度(或干燥度)、水分盈亏(降水量与可能蒸散量之差)、蒸散差(可能蒸散量与实际蒸散量之差)、相对蒸散(实际蒸散量与可能蒸散量之比)等。考虑到农林牧渔业的通用性,本书选取的水分指标主要为年总降水量和年总降水量标准差。

(3)光能指标

光能是农林牧渔业生产最主要的能量来源。虽然部分农业生产可以通过人工调节提供光能，但对于林业、牧业以及渔业而言，依然主要依赖自然光能提供。光能常用指标主要有日照时数、日照百分率、太阳总辐射、光合有效辐射等。考虑到农林牧渔业的通用性，本书选取的光能指标主要为年总日照时数。

6.4.2 模型系数与模型验证

通过 Stata 计量经济软件进行计算分析，基于拓展的 C-D 生产函数模型（式(6.6)），对 1998—2017 年 31 个省（区、市）的经济气象数据建立带时间趋势项的面板固定效应模型，得到了农林牧渔业面板数据模型回归结果（表 6.5）。

表 6.5 气候资源要素对农林牧渔业模型拟合系数

	拟合系数		拟合系数		拟合系数
固定资产投资($\ln K$)	0.0872***	$\ln K\times\ln L$	0.0545***	$\ln I_{HDD}\times\ln P_{SHH}$	0.0364
劳动力($\ln L$)	−0.4812***	$\ln I_{HDD}\times\ln I_{HDD}$	0.8765***	$\ln I_{CDD}\times\ln P_{tota}$	−0.4711
供暖日指数($\ln I_{HDD}$)	0.8097	$\ln I_{CDD}\times\ln I_{CDD}$	0.5698	$\ln I_{CDD}\times\ln P_{st}$	0.3607
制冷日指数($\ln I_{CDD}$)	2.2006	$\ln P_{tota}\times\ln P_{tota}$	−0.0149	$\ln I_{CDD}\times\ln P_{SHH}$	0.7599
单位面积年总降水量($\ln P_{tota}$)	−0.9669	$\ln P_{st}\times\ln P_{st}$	0.0987	$\ln P_{tota}\times\ln P_{st}$	−0.0863
年总降水量标准差($\ln P_{st}$)	1.4566	$\ln P_{SHH}\times\ln P_{SHH}$	−0.4331	$\ln P_{tota}\times\ln P_{SHH}$	0.3155
年总日照时数($\ln P_{SHH}$)	−0.6263	$\ln I_{HDD}\times\ln I_{CDD}$	−2.0233***	$\ln P_{st}\times\ln P_{SHH}$	−0.2396
$\ln K\times\ln K$	0.0084***	$\ln I_{HDD}\times\ln P_{tota}$	0.3479	常数项	0.0585
$\ln L\times\ln L$	−0.0011	$\ln I_{HDD}\times\ln P_{st}$	−0.3337	判定系数(R^2)	0.981

注：*** 代表通过小于 1% 的显著性检验，** 代表通过小于 5% 的显著性检验，* 代表通过小于 10% 的显著性检验。

4 个省份模型拟合后的 GDP 与各行业真实 GDP 拟合得十分贴近（图 6.5），说明本书建立的计量经济模型具有较高的准确性，对农林牧渔业的经济产出具有良好的整体拟合能力。

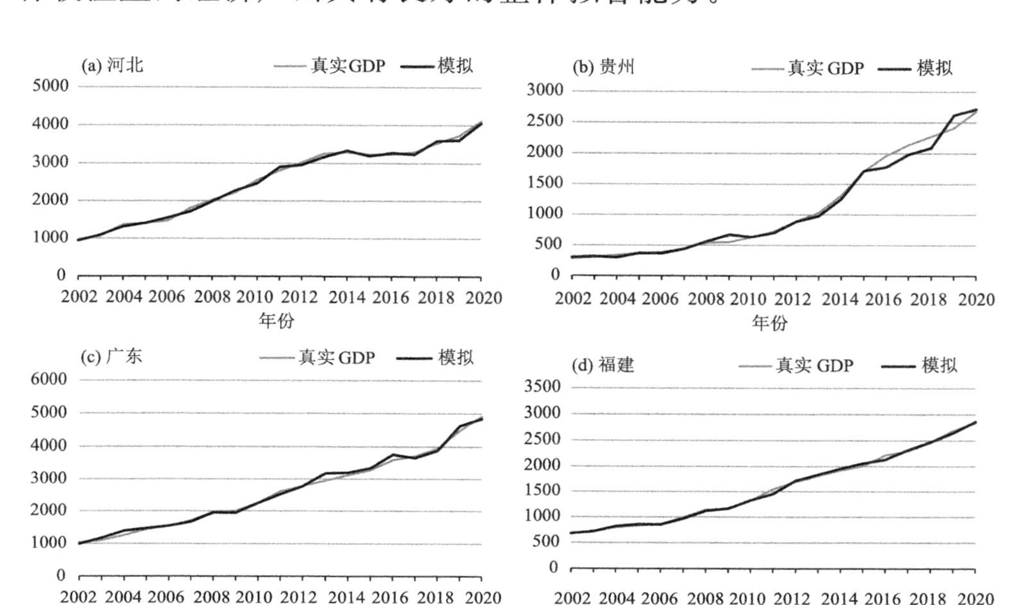

图 6.5　4 个省份农林牧渔业模拟 GDP 与真实 GDP 拟合比较

6.4.3　气候资源对各省份农林牧渔业 GDP 的贡献率

新疆、浙江、海南、重庆和福建的农林牧渔业 GDP 影响占比最高，基本上在 25％以上。农林牧渔业 GDP 影响相对较高的省份主要有湖南、江西、四川、湖北、广东、宁夏、贵州、西藏、广西和陕西，影响占比在 20％～25％。农林牧渔业 GDP 影响比较高的省份主要有安徽、江苏、河南、甘肃、青海、山东和云南，影响占比在 13％～20％。农林牧渔业 GDP 影响中等的省份有山西、辽宁、黑龙江、吉林、河北，影响占比在 10％～12％。影响较低的省份主要有上海、内蒙古、天津和北京，影响占比在 10％以下(图 6.6)。

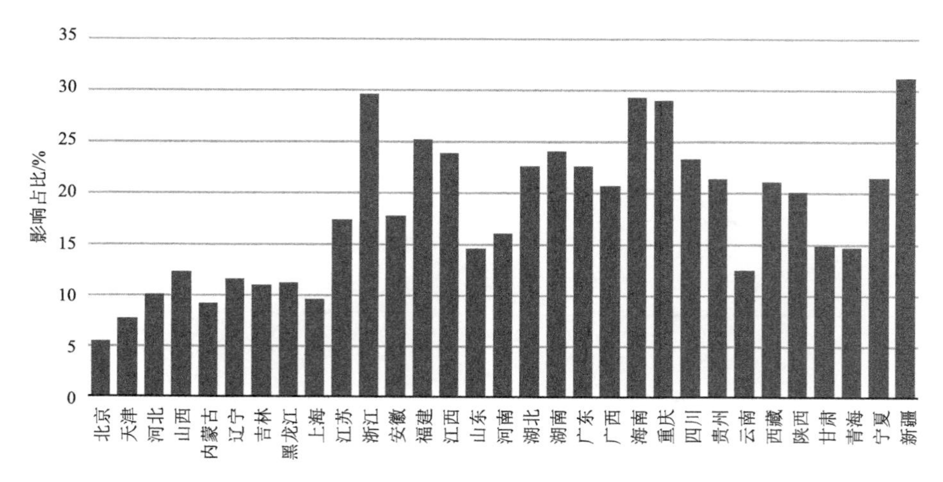

图 6.6　气候资源对各省份农林牧渔业 GDP 的影响占比分布

6.4.4　气候资源要素对区域农林牧渔业 GDP 的贡献

全国各区域的农林牧渔业经济产出受气象条件的影响各不相同，从大到小依次为华中、西南、华南、华东、西北、东北和华北(图 6.7)。

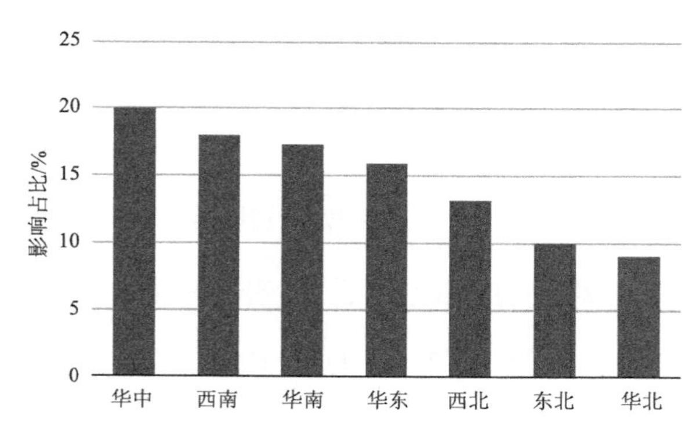

图 6.7　气候资源要素对各区域农林牧渔业 GDP 的影响占比分布

6.4.5　气候资源要素对全国农林牧渔业 GDP 的贡献率

气候资源要素对全国农林牧渔业 GDP 的贡献占比为 16.06%，

2016—2020年固定到2020年的真实GDP比拟合GDP（75582.26亿元）减少约3.19%。

6.4.6 气候资源要素对经济产出贡献率讨论

采用C-D生产函数法将气候资源要素对经济产出贡献率进行了研究，评估认为，以温度与降水为代表性指标的气候资源对中国不同行业、不同省份及全国GDP产值的贡献为：不同行业的经济产出对气候资源条件敏感性从大到小依次为农林牧渔业、住宿和餐饮业、批发和零售业、运输和邮电通信业、工业、金融保险业、房地产业、建筑业；气候资源要素对全国GDP的贡献率占比为5.87%。气候资源条件对中国农林牧渔业的贡献为：新疆、浙江、海南、重庆和福建的农林牧渔业GDP贡献占比最高，基本在25%以上。气候资源要素对全国农林牧渔业GDP的贡献占比为16.06%，其中华中地区最高，华北地区最低。

讨论之一：针对以上气候资源要素对各省（区、市）农林牧渔业GDP的影响值与暖积温、冷积温相关性分析，对GDP的贡献率大小与暖积温、冷积温成反比，即气象暖积温和冷积温越高，对GDP的贡献率越小；气象暖积温和冷积温越低，对GDP的贡献率越大，以正负值为标准，其相关性高达67.74%（21/31）。根据中国气候特征，总体而言，暖积温和冷积温北方高于南方，西部高于东部。因此，除个别省份外，温度对GDP的贡献率也呈南方高于北方、东部高于西部的倾向。

从各省份农林牧渔业GDP的影响值与年总降水量、年总降水量标准差相关性分析，GDP 的贡献率大小与年总降水量、年总降水量标准差成正比，即年总降水量、年总降水量标准差越大，对 GDP 的贡献率越大，反之越小，以正负近似值为标准，其相关性高达 77.42%(24/31)。年总日照时数影响率倾向与积温贡献率倾向相近。

讨论之二：从各省份气候资源实际贡献率分析，个别省份并不完全符合以上特征，如新疆暖积温和冷积温均较高，降水量和降水量距平很低，但气候资源要素对农业经济贡献率则处于全国最高位。这说明 C-D 生产函数模型对捕捉非线性关系和协同关系可能仍有缺陷，因经济要素和气候资源要素之间存在大量的非线性关系、替代关系和协同关系，一些发达省份，由于通过资本、劳动力、技术等原因能更好地弥补由气候资源要素带来的不利影响；一些省份由于地域广大、气象资料有限、现行观测的气候值可能还不足以代表全域。同时还说明气候资源要素影响率大小与地区 GDP 大小也高度相关。根据统计分析，气候资源要素贡献率与地区 GDP 变化成正比，即地区气候资源要素贡献率越大，GDP 越高，反之越小。由于气候资源要素影响 GDP 因素非常复杂，因此不可能完全从气候资源因素找到内在规律。但从总体上看，并不影响采用气候资源因素对 GDP 贡献的评估效果。

讨论之三：气候资源要素对中国农林牧渔业 GDP 的贡献率高低受到多重因素的影响，从分析情况看，最主要的因素可能与所在省份的农林牧渔业 GDP 总量直接相关，一般而言，所在省份的农林牧渔业 GDP 越高，其气候资源要素的贡献率越高，反之越低。如 2020 年，在气候资源要素对中国农林牧渔业 GDP 的贡献率超过 20%的

15个省份中，有9个省份高于全国平均，占60%；贡献率低于10%以下的4个省份中，有3个省份为最低，占75%。当然，由于所选模式和气象观测数据代表性等原因，对个别省份贡献率的估算还有待更深入的研究。

讨论之四：从气候区域分析，华中地区气候资源要素对全区域农林牧渔业GDP的贡献率最高，全区域贡献率达20%以上；华北区域最低，全区域贡献率在10%以下。这可能主要与自然气候光、温、水资源配置有关，并与气候区域各省份的农林牧渔业GDP有关。

参考文献

罗慧，许小峰，章国材，等，2010. 中国经济行业产出对气象条件变化的敏感性影响分析[J]. 自然资源学报，25(1)：112-120.

芮珏，刘寿东，谢宏佐，等，2011. 江苏省行业气象敏感性分析[J]. 阅江学刊，3(4)：95-100.

孙鉴锋，王冀，何桂梅，等，2017. 北京市行业经济产出对气象变化的敏感性分析[J]. 资源科学，39(6)：1212-1223.

ANDERSON G, CLEMENTS J, FLEMING G, et al, 2015. Valuing weather and climate: Economic assessment of meteorological and hydrological services[C]. Geneva: Switzerland.

DEMUTH J L, MORSS R E, LAZO J K, et al, 2016. The effects of past hurricane experiences on evacuation intentions through risk perception and efficacy beliefs: a mediation analysis[J]. Weather Climate and Society, 8(4):327-344.

DUTTON, JOHN A, 2002. Opportunities and priorities in a new era for weather and climate services[J]. Bulletin of the American Meteorological Society, 83(9):1303-1311.

FANT C F, BOEHLERT B B A, STRZEPEK K B, et al, 2020. Climate change impacts and costs to U.S. electricity transmission and distribution infrastructure[J]. Energy, 195:116899.

LAZO J K, LAWSON M, LARSEN P H, et al, 2011. U.S. Economic sensitivity to weather variability[J]. Bulletin of the American Meteorological Society, 92(6):709-720.

LAZO J K, HOSTERMAN H R R, SPRAGUE-HILDERBRAND J M, et al, 2020. Impact-based decision support services and the socioeconomic impacts of winter storms[J]. Bulletin of the American Meteorological Society, 101(5):626-639.

MELVIN A M, LARSEN P, BOEHLERT B B, et al, 2017. Climate change damages to alaska public infrastructure and the economics of proactive adaptation[J]. Proceedings of the National Academy of Sciences, 114(2):112-131.

第7章 气候资源经济政策分析

气候是人类经济活动基础、直接的物质性资源。气候资源在一定的技术和经济条件下为人类提供基础性物质和能量，并作为特殊的生产资料直接进入生产和生活。当前，发展气候资源经济，对于推进生态文明建设、保障经济社会高质量发展具有重要意义。党的十八大以来，中央强调促进人与自然和谐共生，并提出一系列支持性政策。党的二十届三中全会决定强调“实施分区域、差异化、精准管控的生态环境管理制度，健全生态环境监测和评价制度。建立健全覆盖全域全类型、统一衔接的国土空间用途管制和规划许可制度。健全自然资源资产产权制度和管理制度体系，完善全民所有自然资源资产所有权委托代理机制，建立生态环境保护、自然资源保护利用和资产保值增值等责任考核监督制度。完善国家生态安全工作协调机制。编纂生态环境法典。”发展气候资源经济，是中国可持续发展战略和高质量发展的重要选项之一，需要综合运用社会、经济、技术、法律、法规等各种手段，制定符合当代经济社会高质量发展的相应政策，促进气候资源为经济社会高质量发展赋能。

7.1 气候资源经济政策状况

孟德斯鸠(1997)认为:“不同气候的不同需要产生了不同的生活方式,不同的生活方式产生了不同种类的法律。”他在这里直截了当地论述了气候与法的关系,从广义上讲,这里的气候包括了气候环境条件及气候资源,法包括了经济社会政策和法律、法规。随着生态经济和经济社会高质量发展,气候资源在经济社会发展中的基础性地位显得越来越突出,因此,研究当代气候资源经济政策显得尤其重要。

7.1.1 气候资源经济政策起端

中华民族是一个尊重自然、深信人与自然共生的民族。因此,“不违农时”而尊重气候资源规律的习惯古已有之。我国古代先民形成了许多仍然值得今天借鉴的习惯,如《逸周书·大聚解》记载,早在几千年前就有“春三月,山林不登斧斤,以成草木之长;夏三月,川泽不入网罟,以成鱼鳖之长”的保护自然环境法则。孟子(2015)提出“不违农时,谷不可胜食也。斧斤以时入林,林木不可胜用也。”为了保证不违农时,中国古代朝廷通过颁布诏令对在农忙季节征兵征劳役就有明确限制,甚至禁止农忙时节征兵和斩判罪犯。如唐代就发布过许多劝农诏书,要求“不急之务,一切且停,待至农闲,任依常式”“除军兴至急,余一切并停,令百姓专营农事”(岳纯之,2011)。清代《大清律例》卷三十“告状不受理”规定:“每年自四月初一至七月三十日，时正农忙，一切民词，除谋反、叛逆、盗贼、人命及贪赃坏法等重情，并奸牙铺户骗劫客货，查有确据者俱照常受理外，其一应户婚、田土等细事，一概不准受理；自八月初一以后方许听断。若农忙期内受理细事者，该督抚指名题参”(郑显文，2005)。从现代意义讲，这就是中国古代涉及气候资源利用的一些经济政策法律。

在气候资源利用方面，人类很早就形成了许多法律习惯。如农业生产需要一定的雨水资源保障，古代社会协调社会群体用水冲突，主要靠习惯法。一般塘堰属集体所有，属塘堰下游的田地依据水源都具有灌溉权利，在干旱年发生用水纠纷时，人们一般会根据习惯进行协调，这种习惯被法律比较完备的现代社会吸收。在生活用水方面，当长期干旱造成部分村庄发生用水困难时，水源相对充裕的村庄一般会给予支持，因为中国村庄之间除有直接血缘关系外，还有世代的姻亲关系，村庄之间对水源利用形成了相应的互助习惯，除非相互之间结有仇怨。除此之外，在田间过水，在相邻居宅之间的滴水、阴沟排水、阳沟排水，居宅之间通风、透光、防火等涉及气象问题，都形成相应的法律习惯，当城市出现以后，有些法律习惯被带入城市，成为城市居民处理与气象有关事项的法律习惯，也成为人们判别相关事项的依据。

中国古代先民对气候季节非常关注，形成了许多相关的法律习惯，如农民到现代还能接受按年支付劳动报酬的法律习惯，因为农业收成是按气候季节以年为时间单位结算的。部分节日的法律习惯，如春节首先并不是国家法定节日，而是早已形成的节日习惯，后经国家通过法律正式确认，有些气象节日习惯尽管国家法律没有确认，但仍然保存至今。

随着社会经济的发展,还会产生一些新的利用气候资源的社会习惯,有的会直接成为法律规范。如对阳光采用,当一幢建筑物建成以后,相邻建筑物就应当保持一定距离,以免影响先前建筑物享有的室内采光和通风的权利。这个问题在古代习惯中也已经存在,但进入现代社会以后,这种习惯必须上升为法律,因为在阳光采用的相邻权习惯中对两幢建筑物的相距距离没有量的界限,随着现代高层建筑物的增加,仅依靠传统习惯难以协调相邻权之间发生的利益纠纷。因此,依照国家《城市居住区规划设计规范》中关于住宅建筑日照标准规定:大寒日不小于 2 小时,冬至日不小于 1 小时。旧区改造可酌情降低,但不宜低于大寒日日照 1 小时的标准,以此来确定两幢楼之间的距离。20 世纪 90 年代,当太阳能热水器发展以后,出现了楼房屋顶阳光使用权问题。在还没有法规规定之前,存在一些小区物业管理单位不准住户安装太阳能热水器,顶层住户不同意同楼住户到楼顶安装的情况,这些涉及谁享有顶层太阳能使用权限的法律争议。国家为鼓励推广使用太阳能,已经制定了相关法律,《新能源法》规定:"对已建成的建筑物,住户可以在不影响其质量与安全的前提下,安装符合技术规范和产品标准的太阳能利用系统;但是,当事人另有约定的除外。"

7.1.2 气候资源现代经济利用政策

由于现代经济的发展,气候资源利用和保护的一些传统习惯和做法,必须通过一定的程序上升为国家法律,才能形成有效的法律机制。尤其随着太阳能、风能、水能、自然景观和气候舒适等气候资源利用的经济价值的不断提升，范围不断扩大，内容不断丰富，技术不断提升，由此引起的利益矛盾会明显增多，仅靠习惯和习惯法难以适应现代经济社会发展对气候资源利用的要求。因此，建立比较完善的气候资源利用法律机制非常重要。

气候资源从传统的农业利用转变为现代工业利用和现代生活利用，尽管经济价值很高，前景非常广阔，但开发利用气候资源涉及许多政策和法律问题。从比较能源优势分析，当前对运用现代科学技术开发利用气候资源，国家需要从政策和法律上给予扶持与协调。

（1）鼓励性政策和法律

气候资源是一种低密度、分布广、可再生的绿色资源，通过开发应用于现代工业生产和现代社会生活，但其技术难度大、科技含量高、前期成本高，如果国家没有相应的鼓励性政策和法律，那么就难以推进气候资源的现代化开发利用，20世纪80—90年代，世界许多发达国家对开发利用气候能源从政策上给予鼓励和扶持，对可再生能源开发利用实施政策性补贴、税收优惠和提供贴息贷款，如由政府实行投资补贴、产出补贴或对居民实行消费性补贴，并实行减免关税、减免固定资产税、减免增值税和所得税（企业所得税和个人收入税）等政策性措施。在美国，美国能源部通过给予州能源项目补贴来提高各州实施促进节能和采用可再生能源技术等行动的能力。美国、日本和德国采取的屋顶计划，实际上是通过政府采购或政府支持采购等手段，扶持尚未成熟的光伏发电产业。

世界各国对太阳能产业资助的政策主要是经济方面的资助和

鼓励政策。李志生等(2006)分析认为,具体包括以下几个方面:①各种财政补贴资助政策(如研发基金补贴、设备投资贴息补贴、项目补贴等);②税务资助和补贴(如减税、免税政策以及税收返还等);③关税资助和补贴,对太阳能等可再生能源产品实现零关税或低关税政策;④对太阳能项目的投资贷款、担保、租约、交易等各个方面提供便利。世界各国对太阳能的资助政策已贯穿于太阳能利用的各个阶段之中,如太阳能的研发、工程示范、设备商业化等,并成为鼓励太阳能研发和利用最普遍的措施之一。表7.1列出了部分发达国家对太阳能热水器的资助情况。

表7.1　部分发达国家对太阳能热水器的直接补贴(李志生 等,2006)

国家	系统大小/m^2	市场价格/欧元	补贴
德国	6	6300	20%～60%
丹麦	5	4560	27%
奥地利	6～8	5250	25%～50%
瑞典	10	5050	25%
荷兰	3	2500	20%
意大利	3	2500	免税
英国	6	4000	500英镑
澳大利亚	3	1700	500澳元

此外,政府支持的技术研究和开发活动也属于政府采购的范畴。由于可再生能源产品成本一般高于常规能源产品,因此,世界上许多国家都采取了对可再生能源产品价格实行优惠的政策。如德国制定的电力法要求电力公司必须购买可再生能源电力,并规定向可再生能源电力生产商支付消费者电价的90%;美国在“能源政策法”中规定,公用电力公司必须收购可再生能源电量,美国的一些州还作出按

净用电量收费的办法。这些实际上是用电价优惠措施支持气候能源利用。

水能是最重要气候资源之一。水能是通过运用水的势能和动能转换成机械能或电能等形式的能源。水能的利用方式主要是水力发电，水力发电的优点是成本低、可再生、无污染，但受分布、气候、地貌等自然条件的限制较大。在中国，针对水能利用在不同历史时期制定了一系列支持性政策。因此，水资源能源开发利用领域是气候资源开发利用最早启动的领域，也是最成功的领域。风能、光能在20世纪90年代得到新发展，1994年，原电力部就风力发电上网电价制定了优惠的政策。随后国家为了更好发展新能源产业，出台了一系列的政策，如2008年《财政部 国家税务总局关于资源综合利用及其他产品增值税政策的通知》明确提出，利用风力（光伏）生产的电力增值税实行即征即退50%的政策等。国家将光伏产业纳入新兴产业之列，2009年，财政部发布“金太阳计划”，该计划补助标准为并网光伏发电项目按光伏发电系统及其配套输配电工程总投资的50%；偏远无电地区的独立光伏系统按总投资的70%补助；按国家核定的当地脱硫燃煤机组标杆上网电价全额收购。对光伏发电的核心技术推广以及应用、城乡光电建筑都给予不同程度的补贴，并将补贴上限规定为20元/瓦。《可再生能源法》第二十四条规定：“国家财政设立可再生能源发展基金，资金来源包括国家财政年度安排的专项资金和依法征收的可再生能源电价附加收入等。”2013年，根据地区实行差别化上网电价机制，Ⅰ、Ⅱ和Ⅲ类地区分别实行上网电价0.9元/千瓦时、0.95元/千瓦时和1元/千瓦时，之后根据光伏技术的提升进行上网电价调整，中国光伏产业急速发展。实践证明，价格优惠是一项非常有效的激励措施，可以起到促进技术进步和降低成本的作用。

党的十八大以后，国家不断加大了开发利用绿色能源发展的支持力度。党的二十届三中全会决定对绿色低碳发展的税收、金融、投资政策给予支持，决定强调，“实施支持绿色低碳发展的财税、金融、投资、价格政策和标准体系，发展绿色低碳产业，健全绿色消费激励机制，促进绿色低碳循环发展经济体系建设。优化政府绿色采购政策，完善绿色税制。”这些为气候能源经济发展提供了新的机遇。

(2)协调性政策和法律

气候资源开发利用总是在一定时间和空间中进行的，空间已被传统的生产方式划定了归属，如果采用新技术和新的生产方式利用气候资源，就存在空间利用的政策法律协调问题。大规模的风能和太阳能开发利用，需要占有较大空间范围，对于空间使用应进行气候资源开发利用评价，需要占用一定土地，需要国家电力、土地、规划、能源、技术标准、科技、气象等部门参与协调，这些都需要制定相应的政策和法律作保障。由于科学技术发展，家居太阳能利用发展很快，屋顶太阳能利用有较高的经济价值，不同楼层的居民对楼顶安装太阳能热水器会出现争议，为解决类似争议，需要国家制定相应的协调性政策和法律。

因此，《可再生能源法》规定，国务院能源主管部门对全国可再生能源的开发利用实施统一管理。国务院有关部门在各自的职责范围内负责有关的可再生能源开发利用管理工作。县级以上人民政府管理能源工作的部门负责本行政区域内可再生能源开发利用的管理工作。县级以上人民政府有关部门在各自的职责范围内负责有关的可再生能源开发利用管理工作。这里明确了各级政府及其有关部门的管理与协调组织责任。

(3)限制性政策和法律

气候资源虽然具有可再生性、环境污染小、社会综合效益好的特点,但是与其他能源资源相比,在现阶段开发利用则投资高、技术难度大、比较效益不够高。因此,开发利用气候资源,除需要制定一些鼓励性政策和法律外,还需要对其他有关资源使用制定限制性的政策和法律,对不可再生的煤、油能源使用实施强制性税收政策、碳税政策等。如德国除风能、太阳能等可再生能源不征收生态税外,对煤、汽油等均加征生态税。

2021年,中国发布《关于完整准确全面贯彻新发展理念 做好碳达峰碳中和工作的意见》,明确提出:“坚决遏制高耗能高排放项目盲目发展。新建与扩建钢铁、水泥、平板玻璃、电解铝等高耗能高排放项目严格落实产能等量或减量置换,出台煤电、石化、煤化工等产能控制政策。未纳入国家有关领域产业规划的,一律不得新建或改扩建炼油和新建乙烯、对二甲苯、煤制烯烃项目。合理控制煤制油气产能规模。提升高耗能高排放项目能耗准入标准。加强产能过剩分析预警和窗口指导。”这些限制性政策能有效促进气候资源保护和开发利用。实践证明,推行碳税政策,不仅能起到鼓励开发利用清洁能源的作用,还能促使企业采用先进技术、提高技术水平,对促进气候能源开发利用是一种不可或缺的刺激措施。为了保护一些地区的气候生态环境，防止对气候资源进行不合理开发使用，对一些可能影响或破坏气候资源、气候环境的生产活动，还应当制定相应的限制性政策和法律。

(4)强制性政策和法律

为推广气候资源开发利用的新技术，在实际社会生活中还会遇到许多阻力，诸如一些居住小区管理组织不准太阳能装置进入小区，一些电力公司不准风能发电顺利进入电网。这就需要国家制定相应的强制性政策和法律，对阻碍新能源开发利用的行为依法进行处理，否则就可能影响气候资源开发利用。但是，也要防止一些企业和社会组织滥用国家对气候资源开发利用鼓励的政策和法律，生产劣质气候资源利用装备和设施。因此，国家需要制定相应的强制性政策和法律来对此进行限制和打击。

有关法律针对太阳能、风能等可再生能源的并网发电条件和未来在竞争性电力市场中的处理方法给予了明确的规定。如果没有较强的法律规范，没有国家法律与政策的支持，气候能源的开发利用就难以实现，一些投资成本较高的再生能源、新能源和资源综合利用的技术和设备就难以推广。一些国家规定，对可再生能源、新能源发电实行配额制，通过强制性规定提高可再生能源、新能源的利用比率，降低火电发展对社会环境的不利影响；规定可再生能源、新能源发电不参与竞价，优先上网。为促进采用新技术开发利用气候资源，中国加强了有关支持可再生能源的法制建设。2005 年通过、2009 年修订的《可再生能源法》规定，国家实行可再生能源发电全额保障性收购制度，提出电网企业优先调度和全额收购可再生能源发电；国家鼓励单位和个人安装和使用太阳能热水系统、太阳能供热采暖和制冷系统、太阳能光伏发电系统等太阳能利用系统，房地产开发企业应当根据国家有关部门的技术规范，在建筑物的设计和施工中，为太阳能利用提供必备条件，对已建成的建筑物，住户可以在不影响其质量与安全的前提下安装符合技术规范和产品标准的太阳能利用系统。中国太阳能电上网和风电上网就有国家政策性强制规定，特别是初步发展时期，由于这种电能的不稳定性和随天气变化的特征，如果没有国家政策的支持，就不可能实现上网而获取投资利益。

除开发利用气候能源资源的法律外，雨水气候资源开发利用和特色气候资源开发利用，也需要国家制定相应的政策法规制度。如水资源短缺在一些地区已经成为制约经济社会发展的重要因素，科学开发和利用地面雨水资源和空中云水资源成为解决水资源短缺的重要途径。中国为协调增水和用水关系，已经制定了《水法》和《人工影响天气条例》，这些法律、法规为采用新技术开发利用气候资源提供了可靠的政策和法律保障。

(5)公共服务性政策

必要的公共服务是气候资源开发利用的重要保障，为保障气候资源能源开发，国家还必须提供相应的公共服务政策与法律保障。因此，《可再生能源法》对开发可再生能源的公共性进行规定，如组织资源调查与发展规划，公布可再生能源资源的调查结果，编制可再生能源开发利用规划，对风能、太阳能、水能、生物质能、地热能、海洋能等可再生能源的开发利用作出统筹安排；提供产业指导与技术支持，提供相关技术标准服务，教育行政部门应当将可再生能源知识和技术纳入普通教育、职业教育课程。根据这些法律规定，水利、气象等部门每年发布《中国水资源公报》《中国风能太阳能资源年景公报》等气候资源公报。政府其他部门为可再生能源开发提供了相应公共服务。

(6)气候资源开发利用与保护性政策

从中国气候资源开发利用与保护立法总体情况分析，20 世纪 90 年代开始将气候资源开发利用与保护纳入法治轨道，1991 年，中国气象局制定了《1991—2000 年中国国家气候计划纲要》，引论第 1 部分明确：必须在进一步了解我国气候特点的基础上，合理开发利用和保护我国的气候资源；1994 年，《中华人民共和国气象条例》规定：国家鼓励合理开发利用和保护气候资源；地方各级人民政府应当根据本地区气候资源的特点，对气候资源开发利用的方向和保护的重点作出规划；《国民经济和社会发展第十一个五年规划》(2006—2010 年)提出：要加强空中水资源、太阳能、风能等气候资源的合理开发利用；2000 年，《气象法》明确把“合理开发利用和保护气候资源”列为法律内容，并设置了独立章节；2005 年，全国政协十届三次会议把“加快气候资源开发利用与保护立法”列为提案；2005 年，《可再生能源法》将风能、太阳能等气候资源的开发利用确定为国家能源发展的优先领域；2006 年，国务院印发《加快气象事业发展的若干意见》，明确要求加快气候资源开发等法律、法规的建设，并且完善配套规章；《国民经济和社会发展第十二个五年规划》(2011—2015 年)提出有效发展风电，积极发展太阳能、生物质能、地热能等其他新能源。

从气候资源开发利用与保护地方立法情况分析，2011 年 2 月，广西壮族自治区十一届人民政府第78次常务会议审议通过《广西壮族自治区气候资源开发利用和保护管理办法》，这是中国第一部专门规范气候资源开发利用和保护的地方政府规章。至2023年，全国先后有广西、山西、黑龙江、贵州、西藏、贵州、吉林、安徽、四川、江苏、内蒙古、河北、河南、湖北、宁夏、江西、云南、陕西、新疆、广东、福建21个省份出台了气候资源开发利用与保护的地方性法规或政府规章。地方立法增强了气候资源开发利用与保护的实践性和操作性。

7.2　气候环境资源政策法律保护与争议

气候环境作为全球公共资源，气候变化已经成为全世界面临的共同治理难题，关系到人类前途命运，气候变化治理行动被当作全球公共产品。这是因为应对气候变化的行为有强烈的非排他性和非竞争性，是全球性经济社会可持续发展问题。世界上每一个国家、每一个人都会受到气候变化所带来的影响和危害，但同时每一个国家、每一个人也都将从气候治理中得到平等的经济益处。因此，全球性应对气候变化政策需要各国通过制定本国政策和法律才能有效实施。

7.2.1　大气环境的保护立法

自然大气环境是人类共有的生存空间，在人们还尚未认识到这种空间变化对人类生存与发展会带来危害时，向空间排放各种废弃物往往是人们一种自然权利。但是，事实已经证明，大气环境污染既直接影响人们身心健康，又造成气候环境恶化而引发各种自然灾害，如何协调经济社会活动与气候环境保护的关系，已经成为一个重要的法律问题。

协调经济社会发展与大气气候环境保护的法律关系十分复杂，各种气体污染、液体污染、固体尘埃污染都可能影响大气气候环境。工业企业生产对影响大气气候环境的化学物质和尘埃还不可能做到“零排放”，为促进和保证经济发展，一些发展中国家甚至一些发达国家还需要增加排放。因此，制定保护大气气候环境的国家法律，就面临着既不能完全禁止，又不能完全放任各种大气污染物排放的两难境地。

从世界发达国家关于保护大气环境的立法过程看，一般经历了由单项法律规定向多项法律规定再为综合法律的立法过程。

英国。早在英王爱德华一世(1272—1307 年在位)的法令规定，禁止伦敦露天炉灶在国会开会期间烧煤(姜椿芳，1985)。1863 年，英国制定了制碱限制法，1956 年制定了大气清净法。20 世纪 60 年代以后，大气气候环境问题更加突出，英国先后制定了《清洁空气法》《污染控制法》《环境保护法》《环境和安全情报法》《城镇与乡村规划(环境影响评价)条例》。英国是较早采取法律、税收等措施应对气候变化的国家之一。早在 1998 年，英国就出台了温室气体排放交易计划。2001 年，英国政府率先开征气候变化税(CCL)。2008 年，英国率先颁布和实施了世界上第一部《气候变化法》，该法案确立了温室气体减排的中远期目标，规定了碳预算每五年计划，设立气候变化委员会，建立国内碳排放交易体系等，为其他国家制定本国气候变化法起到了示范作用。

美国。20 世纪 70 年代，美国主要通过了《清洁空气法》《联邦水污染控制法》《海岸带管理法》《联邦杀虫剂、杀真菌剂和杀鼠剂法》《海洋保护、研究和庇护法》《危害种类法》等法律，到 20 世纪 80 年代，美国还制定了《综合环境反应、赔偿和责任法》。但进入 21 世纪，美国应对气候变化政策处于一种积极与消极之间波动状态，如 1997—2005 年退出《京都议定书》，为美国相对消极时期；2005—2016 年是《京都议定书》生效时代，且美国国内应对气候变化行动升温；2017 年美国总统特朗普在上任后不久就提出让美国退出《巴黎协定》；2020 年美国大选，在支持拜登的各州中赞同人为原因造成气候变化观点的民众占比平均高达 59%，其中 9 个州超过 60%，因此 2021 年 1 月 20 日，美国新任总统拜登正式上任，在其上任第一天就迅速签署了 15 项行政令和 2 项行政行动，应对气候变化作为拜登的主要竞选承诺之一，也成为其首批行政措施中的重要内容，包括重新加入《巴黎协定》。在上任一周后，拜登又签署了《关于应对国内外气候危机的行政命令》，主要从美国外交政策和国家安全、国内政府措施两个方面部署了美国政府的应对气候变化行动。

德国。从 20 世纪 60 年代起至 90 年代初，德国先后制定了《联邦大气污染控制法》《环境责任法》《联邦污染控制法》《自然保护法》《废弃物处置法》《联邦水法》。针对应对气候变化问题，2000 年，德国政府实施了《国家气候保护计划》，2007 年，实施了《能源与气候保护综合方案》，2008 年，德国联邦环境部实施了《国家气候保护倡议》、德国政府发布了《德国适应气候变化战略》，2011 年 8 月，德国政府正式通过了《德国适应气候变化战略适应行动计划》。纵观进入

21 世纪以来德国应对气候变化战略政策演进历程，保持积极进取的总体目标是其首要特点。

日本。在第二次世界大战后，日本为恢复因战争带来的国土荒废和产业破坏，一味地追求“经济高度成长”“产值第一”，以赶上和超过当时的欧美发达国家水平。急剧的经济发展带来了环境的严重破坏，在日本各地的工业地带相继发生了悲惨的公害病，因公害造成的财产损失大幅度上升。从 20 世纪 50 年代末开始，日本先后制定了《水质综合法》《工场排水法》(1959 年)、《煤烟控制法》(1962 年)、《恶臭防止法》(1973 年)等环境保护法律。1993 年，日本制定了新的《环境基本法》。自 1997 年以后，日本先后颁布了《关于促进新能源利用的特别措施法》《日本电力事业者新能源利用特别措施法》《新能源利用的特别措施法实施令》等。这些法律、法规为促进可再生能源的利用确立了针对性法律要求和目标。1998 年，日本政府颁布《全球气候变暖对策推进法》。2002 年，公布了新的《气候变化计划》。2010 年 5 月，日本众议院环境委员会通过了《气候变暖对策基本法案》，提出了日本中长期温室气体减排目标，即到 2020 年，日本要在 1990 年的温室气体排放基础上削减 25%；到 2050 年，要在 1990 年基础上削减 80%，并提出要建立碳排放交易机制以及开始征收环境税。

韩国。1965 年制定了《公害防止法》，1990 年制定了《环境政策基本法》《环境污染损害纠纷调整法》《大气环境保全法》《水质环境保全法》《有害化学物质管理法》，1991 年又制定了《关于处罚污水、粪便等畜产废水特别措施法》，并修改了《海洋污染防止法》。进入 21 世纪，韩国政府出台了一系列举措应对气候变化。2010 年 1 月，政府颁布了《低碳绿色增长基本法》,2012 年 5 月,韩国国民大会通过了《温室气体排放权分配和交易法案》。

中国。1978 年颁布的《中华人民共和国宪法》第 11 条专门规定:“国家保护环境和自然资源,防治污染和其他公害”,环境保护首次被列入国家的根本大法。1979 年,中国颁布了《环境保护法(试行)》,1982 年,修改的《中华人民共和国宪法》强化了对环境保护的规定,同年制定了《海洋环境保护法》,随后制定了《水污染防治法》(1984 年)、《大气污染防治法》(1987 年)、《固体废物污染环境防治法》(1995 年)等多部法律。2000 年,中国通过修改颁布实施了新的《大气污染防治法》,这部法律加大了大气污染防治力度,反映了进一步改善气候环境的精神,法律的责任更加充实,针对性和可操作性更强。进入 21 世纪,一方面对原治理大气、水、土污染的法律、法规进行了修订,另一方面针对应对气候变化颁布了一些新法律、法规,如《可再生能源法》(2005 年)、《循环经济促进法》(2008 年)、《清洁生产促进法》(2012 年)、《中国应对气候变化国家方案》(2007 年)、《中国应对气候变化政策与行动报告》(白皮书,2008 年以后每年发布)。

中国通过实施《大气污染防治法》,开始实行了大气污染物总量控制制度、许可证制度,将超标收费制度改为排污收费制度。实行了分类指导制度,重点解决城市大气污染,划定大气污染防治重点城市,实行城市大气环境质量状况公报制度,加强了防治机动车排放污染和城市扬尘污染工作,推广清洁能源的生产和使用等。经过努力,大气环境质量并没有随着经济发展而同步恶化。但也应看到,中国大气污染形势一直十分严峻,由于机动车数量迅速增长,带来了大气污染控制的新问题，在21世纪初，部分大城市空气污染类型已经为煤烟污染与机动车排气污染并重。城市交通、建筑扬尘和沙尘暴导致的颗粒物污染给人们的工作和生活带来诸多不利，城市气候环境有恶化趋势，社会十分关注。

2012年以后，根据形势发展，中国继续修订了多部大气环境保护、开发利用新能源和应对气候变化的法律。党中央、国务院对生态治理推出一系列重大新举措，2013年，国务院发布《大气污染防治行动计划》，初步建立齐抓共管的治理格局，产业、能源结构得到优化，重点行业和领域治理力度不断加大，环境法治保障更加有力，大气环境管理能力稳步提升。"大气十条"确定的45项重点工作任务，到2017年全部按期完成。2018年《中共中央国务院关于全面加强生态环境保护坚决打好污染防治攻坚战的意见》提出，坚决打赢蓝天保卫战，着力打好碧水保卫战，扎实推进净土保卫战。《意见》明确大气污染防治、水体污染防治、土壤污染防治三大保卫战具体指标。为推动意见落实，各地以超常规的措施和力度治理大气、水体和土壤污染，坚持"转型、治企、减煤、控车、降尘、植绿、清水、洁土"多管齐下，大气、水体、土壤质量持续改善。党的二十届三中全会决定进一步提出，"完善精准治污、科学治污、依法治污制度机制，落实以排污许可制为核心的固定污染源监管制度，建立新污染物协同治理和环境风险管控体系，推进多污染物协同减排。"以进一步增强人民群众绿色幸福感、获得感、安全感。

7.2.2 气候生态环境的保护立法

人类活动对地球大气、生态、地表施加的影响，最终都将通过气象途径对人类社会活动产生反影响。地球的动植物生态，既是动植物长期适应气候环境的产物，又是维持气候环境平衡的重要因素。一个地区的动植物如果在大范围发生明显改变，那么这个地区的气候可能已经或者即将发生变化。如果向好的方面转化，气候就会逐步湿润，极端天气现象会逐步减少，人与自然呈现和谐发展。如果向坏的方面转化，气候就会变化无常，极端气候事件明显增加，人与自然的矛盾十分突出。因此，国家通过制定政策和法律保护气候生态环境十分重要。

涉及气候生态环境保护的法律关系十分广泛，森林、草原、坡草地、湿地、林地、水域地、荒地等环境对气候都会形成影响，人类如果对林木乱砍滥伐，对草地过度放牧或开垦改草为农，对坡草地、湿地、林地大范围开垦，都可能对气候变化带来灾难性影响。但是，世界各国都具有对其境内自然资源开发和利用的主权权利，而事实上一国对自然资源的过度开发利用，或者自然资源遭到破坏，往往会影响他国乃至全球生态环境。因此，20 世纪 70 年代以来，气候生态环境成为国际事务关注的重要领域，国际组织先后制定形成了一系列重要国际公约，如 1968 年《非洲自然和自然资源养护公约》、1972 年《人类环境宣言》（又称《斯德哥尔摩宣言》）、1982 年《世界自然宪章》、1985 年《维也纳保护臭氧层公约》、1992 年先后制定《里约环境与发展宣言》《21 世纪议程》《气候变化框架公约》《生物多样性公约》和

《关于森林问题的原则说明》。围绕国际公约的实施，世界各国采取了相应立法行动。

中国在20世纪50—70年代，为了解决当时的缺粮问题而大范围开垦，致使自然生态环境受到严重破坏，气候环境恶化，一些地区的水灾、旱灾明显加重，土壤沙化、水土流失加剧。为此，国家支付的救灾经费逐年大幅度增加，到20世纪90年代年平均达到28.9亿元，为50年代的20倍，为60年代、70年代的5～6倍，灾害造成的实际经济损失更大。进入20世纪80年代，中国总结致灾教训以后，明确将环境保护列为基本国策，并陆续制定了一系列的法律、法规。中国涉及有关保护气候生态环境的法律有：《环境保护法》(1989年)、《海洋环境保护法》(1982/1999年)、《海洋污染防治法》(1982年)、《水污染防治法》(1984/1996年)、《大气污染防治法》(1987年，2018年10月26日第二次修订)、《固体废弃物污染环境防治法》(1995年)、《自然保护区条例》(1994年)、《野生动物保护法》(1988年)、《森林法》(1984/1998年)、《草原法》(1985年)、《水法》(1988年)、《水土保持法》(1991年)、《气象法》(1999年)、《环境影响评价法》(2002年)、《放射性污染防治法》(2003年)、《清洁生产促进法》(2012年)、《土壤污染防治法》(2018年)等，这些法律根据新时代高质量发展要求被不断进行了修订，已经形成了比较完备的气候生态环境保护法律体系，为全球气候治理作出了中国贡献。

从中国立法实践看，各省份在气候资源开发利用和保护立法方面均有很大进展。

7.2.3　气候资源经济政策面临的问题

气候资源已经被社会广泛认为是重要且基础的经济资源，气候资源也是生态环境中重要的组成部分，是宝贵的可再生资源。可持续发展要求人们改变对自然的态度，改变传统的生产方式和生活方式，在开发和利用自然资源的同时，注重对环境资源的保护。人们已经认识到不当的人类活动将会导致气候环境恶化，进而影响气候资源。人类活动如果不考虑气候环境及气候资源的承载力，盲目或过度开发而不加保护，会造成气候及气候资源失衡，致使生态环境恶化，直接影响经济社会的可持续发展。气候资源虽然是一种可再生资源，但一旦遭到破坏，其自然恢复能力是有限的，因此，必须采取有效措施切实加以保护。通过地方性法规的引导和规范，加强对气候资源开发利用与保护的管理，确立人与自然和谐相处的保障机制，对于促进中国经济社会可持续发展具有重要意义。但是，从气候资源经济政策分析仍然面临以下几个问题。

(1)气候资源的权属争议

所有资源都应有其权属，但气候资源由于社会共有性、基础性和其自身特殊性，权属问题一直受到争议。至今仍然没有从法律上界定气候资源的权属性。《黑龙江省气候资源探测和保护条例》第七条规定："气候资源为国家所有。"这一法规规定一直受到学术界争议。这里既有对《中华人民共和国宪法》第九条"矿藏、水流、森林、山岭、草原、荒地、滩涂等自然资源，都属于国家所有，即全民所有；法律规定的属于集体所有的森林和山岭、草原、荒地、滩涂除外"的解读问题,也有对这一规定的理解问题,还有对气候资源本身所具有多属性、广泛性、复杂性和发展性的阐释问题。

《黑龙江省气候资源探测和保护条例》所称的气候资源是指能为人类活动所利用的风能、太阳能、降水和大气成分等构成气候环境的自然资源,这些当然属于自然资源,但《中华人民共和国宪法》中的“等”字是否包括“气候资源”,学术界认为《中华人民共和国宪法》解读权属于全国人民代表大会及其常务委员会,地方立法不能扩大对《中华人民共和国宪法》的解读,但地方立法在不违背上位法的情况下是否可以先行探索,也值得研究。

既然有“国家所有”的气候资源,同样《黑龙江省气候资源探测和保护条例》并没有也不可能排除“法律规定的属于集体所有的森林和山岭、草原、荒地、滩涂除外”,即属于这些法定集体权属物上所赋予的气候资源。改革开放以后,由于经济社会发展,中国包括气候资源在内的自然资源权属除国家所有和集体所有外,还有社会共有、集体共有和私人所有等权属问题,由于社会共有、集体共有和私人所有的情况非常复杂,法律、法规对此全部准确界定清晰可能存在一定难度,在不违背上位法的条件下,地方立法是否可以先行探索,回答可能是允许的。诸如属于气候资源的阳光、风和空气不可能界定为某人所有,但房屋所拥有的采阳光权、通风透气权和排水权,就属于房屋拥有者的优先权或所有权(《物权法》中称相邻权),这种权限如果仅限于地基权就会有一定局限。不可否认,气候资源是一种公共产品,具有公用性特征。然而,某些特殊气候资源的开发却具有独创性和先占用性,如附着于土地上的气候资源就应由土地使用权者先占用，而且国家法律应保护其权属来维护所用者的合法权益，以激励对气候资源的不断探索和挖掘，这便构成了气候资源的独占性，正是由于这种独占性，给气候资源使用者带来了特殊财富或增益。因此，《物权法》第八十六条规定："不动产权利人应当为相邻权利人用水、排水提供必要的便利。"第八十九条规定："建造建筑物，不得违反国家有关工程建设标准，妨碍相邻建筑物的通风、采光和日照。"第九十条规定："不动产权利人不得违反国家规定弃置固体废物，排放大气污染物、水污染物、噪声、光、电磁波辐射等有害物质。"显然，《物权法》保护了自然人必要的气候资源利用权，也保护着相应气候环境安全，具体标准尺度国家虽然制定有相应标准，但在实践中仍然可能出现争议，包括个人在农耕承包地面上的阳光遮挡、通风阻滞、空气污染、过水截水等也经常出现争议，有时甚至引发械斗。气候资源保护法律还应向土地利用领域延伸，因为这一领域的社会纠纷在不断扩大，需要由国家法律、法规提出调整的依据。

从不同视角界定气象、气候与气候资源概念比较复杂，气候资源又具有多属性、广泛性、复杂性、发展性的特征。因此，从法规上定义气候资源权属具有争议性就不难理解了。但也有人认为风能、太阳能等是可再生性资源，既不具有稀缺性，也不具有排他性，是取之不尽、用之不竭的自然资源。这种观点在一定历史时期和一定技术条件下具有一定合理性。但是，在现代科学技术条件下，风能、太阳能、水能将逐步转化为主要能源资源，再停留在传统的气候资源不稀缺、不排他、取不尽、用不竭的认识上，显然值得商讨。相对于气候资源转化为能源的资源可以说还是有限的，也是稀缺的，还是排他的。因为气候资源转化为能源是有条件的，不是所有地面上的阳光、风力、水力都可以转化为能源，国家必须规划哪些区域的阳光、风力、水力可以开采利用，而规划前还必须对阳光、风力、水力等气候资源进行普查和评估。既然是要规划才能被开发利用的资源，当然存在稀缺性，此区域资源批准“张三”开发利用，“李四”就不得在同一处开发利用，当然存在排他性。还有对城市可能造成光污染的区域、城市通风廊道上游的风力资源区、湿地鸟类生态风区、候鸟通道风区、红线耕地区域等的气候资源就不宜被开发利用，这些均应有法律、法规明确。

(2)气候资源经济价值的淹没

长期以来，气候资源经济价值大多处于一种淹没状况，这里的所谓淹没就是指气候资源经济价值不是通过气候资源本身来反映其经济价值，而表征的是地理区位或土地面积、建筑物与构筑物的经济价值，有些气候资源的经济价值被淹埋在这些经济价值的背后。在社会发展还处在自然经济阶段和工业革命初期，气候资源要素不可能成为一种独立性经济资源被开发利用，其经济价值深藏在地理区位、土地面积、建筑物与构筑物经济价值背后也是一种必然现象。因为在当时的生产实践中人们可以把握气候资源循环变化的基本规律，但对气候资源的形态变化和度量还难以比较准确把握，而地理区位、土地面积、建筑物与构筑物不仅有形，而且也易于被人们度量和感知，人们使用与出售土地和建筑物等这些物品时，气候环境只能是随附的自然条件。诸如中国人常说的风水宝地，就是一种地理区位的选择；农耕地分上等、中等和下等，则是按照土地面积进行计量的；

建筑物与构筑物也和地理区位、建筑面积及朝向一样体现经济价值。但是，在地理区位、土地面积、建筑物与构筑物所体现的经济价值中无一不包含气候资源价值，从理论上讲这种包含价值难以单独计算，也不可能分割，但在实际操作中，如农耕地上等地块、中等地块和下等地块最主要的区别就是气候资源利用价值问题，在其他生产条件相同的情况下，水稻田因水、光、气、风等气候资源条件不同，其水稻产量可相差30%左右，这就是区域间气候资源价值差。再如，在中国中部、西部、北部地区人们在选择建筑房屋朝向时，有采阳光或朝南向的房屋价值可高出1%以上，其实这个经济价值也是气候资源的经济价值。但气候资源经济价值从未单独计算，也不可能计算，交换者只能从自身的经验和交易中获取价值差。

正是因为气候资源经济价值长期被淹没，从而造成许多人对气候资源经济价值的不认同，甚至否认，即使承认有其经济价值，但也不存在权属性或独立性价值交易问题。人们的这种认识基本说明了气候资源经济价值的历史状况，而且在相当长的时期内这种状况在传统领域还会继续存在。

从经济社会发展的情况看，人类对气候资源经济利用可以分为综合性利用和要素类利用。综合性利用是指需要光、水、温、气、风等气候资源共同或组合性发挥作用，才能转化为具有经济价值的作物或生物。要素类利用是指光、水、温、气、风等单独发挥作用，就能转化为具有经济价值的物品或能力，如光照、水力、风力的自然经济利用，现代发展为光能、水能和风能开发利用。人类现代经济对气候资源利用可以分为两种类型。一种是不消耗或者基本不消耗气候资源的内部利用，如水力发电、水运、水上旅游、太阳能发电、风力发电等。二是需要消耗并污染气候资源的外部利用，如各种类型的工农业用水和生活用水与排放，各种化石能源消耗排放占用气候环境空间并污染气候环境和气候生态。

气候资源开发利用在现代科学技术条件下发生了革命性变化，当气候资源除自然利用价值外，降水、太阳能、风能资源转化为电能资源以后，人们对气候资源就产生了新的认识。例如，进入工业革命以后，人类对水资源认识经历了三个阶段：第一阶段“以需定供”，认为水资源是取之不尽、用之不竭的，以经济效益最优作为唯一目标，强调需水要求，毫无节水意识，其结果必然带来不利影响；第二阶段是“以供定需”，以水资源的供给可能性进行生产力布局，强调水资源的合理开发利用，突出有多少水供给就决定发展怎样的经济项目，以供水能力作为经济发展项目的“门票”，水不再是取之不尽、用之不竭的资源；第三阶段是“压供平衡”，以推进经济转型，这种观点强调不仅压低经济发展对水的需要，而且还需要压低水供给，压低经济发展的水供给，以首先保证留足合理的生态水、湿地水、循环水、地下水和河道畅通水，促进实现经济发展与自然水和谐平衡。同样，中国风电、光伏发电把风力和光照要素资源转化为电力能源之后，更是一次气候资源开发利用的深刻革命，因此，中国在经历 20 世纪 80 年代、90 年代试验开发应用以后，21 世纪进入大规模开发风电和光伏发电时代。国家制定了风电、光伏发电规划。水电、风电和太阳能发电的经济价值不断扩大，自然降水、风力和光照等气候资源的经济价值被凸显，降水、风力和光照气候资源的能源经济价值不可能再被淹没。

同时，在生态经济可持续发展的背景下，气候环境的经济价值也不可能再被淹没。气候资源作为公共资源可以通过公共政策而实现其经济价值。

(3)气候资源保护措施的错位

这是指一些本来立足为保护气候资源采取的措施，但实际上这些措施并未完全立足于保护气候资源，存在错位和部分错位现象。为保护大气环境，各国制定了许多法规和政策，但从20世纪90年代以前的法规政策分析，许多都是防治大气污染、水土污染的政策法律、法规，当然也有许多保护生态和生物的政策法律、法规。这些政策法律、法规对保护大气环境和水土环境发挥了重要作用，也在一定程度上保护了气候资源和气候环境，但直到21世纪前10年，中国大气污染和水土污染状况仍没有根本性好转，气候环境问题也不断突出。

中国是一个经济后发展国家，大气污染比温室气体更为社会关注，问题也更为突出。因此，在20世纪50年代，中国就开始关注了大气污染防治问题，70年代开展大气环境保护工作，早期的政策内容以工业点源污染控制为主。1973年8月，中国召开第一次环境保护会议，会议通过了《关于保护和改善环境的若干规定》，开始涉及有关大气污染防治的问题，如“排放有毒废气、废水的企业，不得设在城镇的上风向和水源上游”“工矿企业的有害气体，要积极回收处理”。1979年，《环境保护法》正式颁布，标志着中国环境保护开始迈上法制轨道。1987年正式颁布《大气污染防治法》，对防治烟尘污染，防治废气、粉尘和恶臭污染以及法律责任等进行了法律规定，这是一部针对防治大气污染的法律，后经 1995 年修正、2000 年修订，还是针对大气污染而采取措施。直到 2015 年进行第二次修订，《大气污染防治法》正式提出了“对颗粒物、二氧化硫、氮氧化物、挥发性有机物、氨等大气污染物和温室气体实施协同控制。”修订后的《大气污染防治法》，首次提出“大气污染物与温室气体协同控制”。

显然，污染气体和温室气体内涵完全不同，但防治气体污染处于优先地位可以被社会普遍接受，因为污染气体当下能直接危害公众健康。空气中的有害气体包括一氧化碳（CO）、氮氧化物（NO_x）、二氧化硫（SO_2）、三氧化硫（SO_3）、硫化氢（H_2S）、碳氢化合物（HC）等空气污染物，这些气体污染防治一直受到重视，法治力度不断加大。温室气体与污染气体不同，他们不是有毒气体，也可以说是正常空气的组分之一，指的是大气中能吸收地面反射的太阳辐射，并重新发射辐射的一些气体，如水蒸气、二氧化碳、大部分制冷剂等。它们的作用是使地球表面变得更暖，类似于温室截留太阳辐射，并加热温室内空气的作用。这种温室气体使地球变得更温暖，这种影响称为“温室效应”。温室气体排放量级远高于大气污染物。从《大气污染防治法》第二次修订前一年看，2014 年全国二氧化硫、氮氧化物排放总量分别为 1974 万吨、2078 万吨，当年全国温室气体排放总量（不包括土地利用、土地利用变化和林业）达 123.01 亿吨二氧化碳当量，排放量级远大于大气污染物。温室气体治理难度更大，而且事关经济社会发展和人民生活水平提升，这也是产生气候环境资源治理举措错位的重要原因之一。

《大气污染防治法》提出了“大气污染物与温室气体协同控制”原

则,显然已经认识到大气污染防治措施与温室气体控制的区别。但在该法的实际执行中,《大气污染防治法》关于协同控制比较原则,实施存在不少困难和挑战,一些环节仍然存在错位现象。

一是对温室气体排放进行规制的法律依据不充分。在中国如何对以二氧化碳为代表的温室气体进行法律规制,在理论上一直存在广泛的争论。如胡苑等(2010)认为“在《大气污染防治法》中不宜将二氧化碳界定为污染物”。李艳芳等(2015)主张“我国不宜将二氧化碳等温室气体作为空气污染物由《大气污染防治法》加以规定,而应当选择制定专门的低碳发展促进法或者气候变化应对法”。可以说对温室气体进行严格的排放数量控制,还没有直接的法律依据,协同控制原则就有待具体化,否则较难在实践中解决重大气防治法治而轻温室气体控制的错位问题。

二是大气污染与气候变化由一个政府部门管控的时间还相对较短。温室气体排放引发的气候变化是一个全球性的公共问题。虽然中国温室气体的排放法律规制有待强化,但是为做好应对气候变化工作,国家发展改革委在2008年机构改革中设立了应对气候变化司,负责应对气候变化综合管理,并积极采取强有力的政策行动,有效控制温室气体排放,增强适应气候变化能力,推动应对气候变化各项工作取得较大进展。实际上,应对气候变化、控制温室气体由国家发展改革委负责,大气污染防治由国家环境保护部负责,两个部门监管协同控制,增加协调难度。这种状况直到2018年国家机构改革后,应对气候变化职能调整到新组建的国家生态环境部,控制温室气体涉及的领域更广、情况更复杂,新机构的适应与运作还需要不断积累经验和升级。

三是大气污染与温室气体的治理目标不同。大气污染治理目标是改善大气环境质量。立法目标和采取措施的目的是获得人民群众高度认同和支持,其成效也较好地得到检验。但温室气体治理目标是把全球平均气温较工业化前水平升高控制在 2 ℃以内,同时考虑到一些小岛国的特殊情况和强烈要求,也写进了“为把升温控制在 1.5 ℃以内而努力”的内容,人民群众对这个目标感受可能不直接,参与治理的意愿可能低于大气污染治理。

四是协同控制的实施比较复杂、难度很大。推动大气污染物和温室气体协同控制,是中国在建设生态文明过程中进行的制度创新,是落实创新发展、绿色发展理念的客观需要。相对而言,中国对推动大气污染治理经过 40 多年的法律实践,已经积累了丰富经验。但对温室气体治理,根本上还是能源利用调整问题。当前,在全球温室气体排放格局中,能源活动产生的排放占据主导。依据传统的能源结构,提高人们生活水平过程就是温室气体增加的过程,中国一方面要不断提升人民群众生活水平而增加能源消耗;另一方面又要不断降低温室气体排放而减少煤炭和石化能源消耗。如果没有新的可再生能源和新的技术支撑,就不可能协调二者之间的这种矛盾,而开发可再生能源、提高能源利用效率、开发新技术当然存在很大的难度。

(4)气候资源经济计价与实现维权比较困难

气候资源无论是被综合利用,还是被要素单独开发利用,以及气候环境资源被占用,从理论上可以进行经济价值评估,但在实际上可能很难有操作性。人们头脑中传统概念就是一亩地值多少钱,不可能涉及一亩地太阳光能和风能价值多少钱，而实际上人们在购买一亩地时已经附加了这块地上太阳光、风、气、水等气候资源价值，人们在购买一亩地时可能考虑水源、太阳光照和通风等条件，但并没有计算这些气候资源的经济价值，在传统技术条件下人们也没有办法计算。现代气象科学产生以后，这些气候资源虽然可以计量，但这种计量处在初期，直到现在大部分气候资源仍然难以完全与经济价值直接关联。这种现象一直还在延续，主要有以下3个方面的原因。

一是人们已经广泛形成的习惯和经验，对气候资源经济价值并不感到迫切。中国是以原居民和姓氏村庄为主体逐步发展起来的，城市发展以农村为依托，甚至在城市的初期也是放大了的村庄，对气候资源利用早已形成了许多习惯和经验，人们对光照、通风、流水等气候资源的相邻权基本可自行协调处理，即便进入城市，人们把这些习惯和经验也带入城市来处理协调类似的矛盾或冲突。在农村土地利用上遇到相邻光照、通风、流水、用水冲突，人们也是根据习惯和经验进行处置。长期的习惯和经验，人们对气候资源经济价值需求并不感到迫切。按照习惯协调纠纷，在中国也有相应法律支持，如《物权法》第八十五条明确规定："法律、法规对处理相邻关系有规定的，依照其规定；法律、法规没有规定的，可以按照当地习惯。"这说明法律上承认在相邻关系上，习惯对物权的补充效力，这有利于对纠纷的处理和尊重既存的社会秩序。

气候资源作为无体性资源，有的认为，在土地价值和环境价值中凭经验考虑气候资源价值已足够。除现代大规模土地开发外，人们在正常的土地和建筑交易或交换中凭借其经验，实际上或多或少已经考虑了气候资源问题，因为气候资源和气候环境经济价值在交换的双方，只能凭双方接受意愿而交换。现代商品房因为地价成本、前期成本、建安成本、管理成本和资金周转成本等都便于经济计量，区位和朝向差价则是出售者根据自己售卖情况而定价位，一般认为双方都能接受就可以了，气候资源经济没有必要计价，也确实难以计量。实际情况是，开发商为平衡自身房源区位和朝向供需关系，发现气候资源价值后，将其作为出售卖点，诸如以湖景、江景、海景或公园式或采光通透式等作为售卖点。

二是人们认为气候资源经济维权往往难以实现。气候资源和气候环境维权与环境污染维权不同，如果是水、大气、土壤环境污染官司，证据比较容易收集，最重要的是危害因果比较容易测定，诉讼被告对象也容易查明，除非行政不作为，对于受害者来说，通过法律维权是基本可以实现的。而气候资源和气候环境最重要的危害因果关系比较难以测定，证据收集难，诉讼被告也难确定。因此，在一些群众看来，在中国要打天气和气候官司一定是笑话。再从传统的意识上讲，中国社会的人们维权意识本来就不强，更没有打气候资源和气候环境官司的情况，即使相邻权因此而有纠纷，基本也没有到打官司诉讼的地步。但是，进入现代社会，随着城市化发展，在人口密集区、在居民家居之间的建筑物可能发生挡光和影响通风透气的现象，但这种挡光和影响通风透气与居民身体健康之间很难形成对应的关系，较难说明直接受害的证据，即使告到法院，法院也只能根据建筑标准，作出被告方撤除或不撤除的判决，原告不可能获取经济补偿。如某城市居民之间因光、风、气遮挡，最后向法院起诉，法院一审判决:李某拆除在301房与308房之间的露台上搭建的挡光房屋,而不支持原告其他主张。

遮挡阳光法律的规定:采光权是一种有条件、有范围的权利,它不是通过专业人员进行测量就能准确确定的。由于中国土地资源紧缺,城市房屋居住密集,现在的住宅都会有不同程度的遮挡阳光现象,不能因为有遮光就认为自己的采光权受到侵犯。况且由于地理位置的不同,南方和北方的日照条件和生活习惯存在较大的差异,确实难以作出统一的明确规定。因此,《物权法》第八十九条规定:"建造建筑物,不得违反国家有关工程建设标准,妨碍相邻建筑物的通风、采光和日照。"对《民法通则》第八十三条规定的不动产的相邻各方"正确处理截水、排水、通行、通风、采光等方面的相邻关系。给相邻方造成妨碍或者损失的,应当停止侵害、排除妨碍、赔偿损失"的规定进行了法律调整。因为赔偿损失需要因排水、通风、采光与直接受到侵害或损失之间的证据关系,特别是人体健康伤害,这个从医学科学上还很难做到。

当然,不同国家由于国情民情不同,对气候资源和气候环境法律规定有很大差别。例如,日本由于特殊的气候条件和地理特征,公民阳光光照的"短缺"问题就特别突出,尤其是在20世纪60年代末和70年代中期这段时间。当时由于日本法律缺乏明确的规定,因此很难从法理上制定关于日照相关的法律,这引起了当时社会各个层面的关注。1965年前后,日本的日照妨害案件数量急剧增加,但在当时的法院实践中一般只对非法建筑造成的日照妨害给予救济,而对非违法的建筑所造成的日照妨害却拒绝给予救济,且救济措施大多也仅限于损害赔偿，而对禁止施工的要求直到昭和43年(1968年)才被普遍承认。昭和44年，在日照妨害案件中，申请禁令请求停止施工的案件数量急剧增加，这使得法院不得不改变态度，承认申请禁令的理由，而这种做法也一直延续到了今天(李卓 等，2008)。在日本的日照权即为一种“形成中的权利”，最终其诉的利益是通过诉讼所确定并诞生了新的权利。

从气候环境资源法律关系分析，气候变化诉讼在世界各地兴起，据统计，已经有超过1700件气候变化诉讼案件进入审理程序。1990—2016年在美国提起的气候变化诉讼案中，42%取得了有利于气候变化应对的结果(朱明哲，2022)。截至2020年7月1日，哥伦比亚大学萨宾气候变化法律中心数据库追踪的案件数量与1990年相比几乎翻了一番，统计数据显示，在38个国家至少有1550件气候诉讼案件待审，包括欧盟法院的39件案件。2021年进一步增加，到2021年有超过1800件案件完成或待审。哥伦比亚大学萨宾气候变化法律中心的最新数据显示，到2022年，全世界已经有2760件气候变化案件(马晓岩，2023)。根据统计，很多的气候诉讼案件的结果最后也都是无疾而终。但是联合国《全球气候诉讼报告：2023年状况回顾》显示，气候诉讼案件总数已经翻了一番多，从2017年的884件增加到2022年的2180件。报告概述了过去两年以来的主要气候诉讼案件及事件，包括诸多具有历史性突破的案例和事件。随着气候诉讼频率和数量的增加，相关先例也在不断增多，逐渐形成了一个日益清晰明确的领域法。这些典型气候诉讼案件和事件包括：①联合国人权委员会首次认定一个国家因气候政策和气候不作为而违反了国际人权法，并认定澳大利亚政府违反了对托雷斯海峡岛民的人权义务；②巴西最高法院认定《巴黎协定》是一项人权条约，享有“超国家”地位；③荷兰法院命令石油和天然气公司壳牌遵守《巴黎协定》，到2030年将其二氧化碳排放量减少为2019年的45%。这是法院首次认定私营公司有责任遵守《巴黎协定》；④德国法院以不符合生命权和健康权为由，废除了《联邦气候保护法》的部分内容；⑤巴黎法院认定，法国在气候问题上的不作为以及未能实现其碳预算目标造成了与气候相关的生态损害；⑥英国法院认定，政府在批准其净零碳战略时，没有履行《2008年气候变化法》规定的法律义务；⑦小岛屿发展中国家发起和推动请求国际法院和国际海洋法庭作出气候变化咨询意见。显示了法院认定气候变化与人权紧密联系，这一定位将为社会最弱势群体提供更大程度的保护，并加强问责制、透明度和公正性，促使政府和企业转向更宏伟的气候变化减缓和适应目标。

全球最具启发性的气候诉讼判决发生在荷兰。2019年4月5日，以荷兰地球之友为代表的7个环保组织与17000多名荷兰公民在荷兰海牙地区法院向壳牌集团总部提起集体诉讼。壳牌集团总部的行为将被认定为持续处于非法状态，最终荷兰海牙地区法院于2021年5月26日做出了判决，该判决也是全球第一个明确判令私营实体需制定特定温室气体减排目标的判决(马晓岩，2023)。

目前，中国对实现“双碳”目标或应对气候变化提出了一系列措施，这些制度安排更符合《环境保护法》规定的环境质量目标的问责制度，主要是通过适当的政策和行政执法问责机制来加以实现。减少碳排放也是基于能源结构调整、能源效率提高、碳捕获和储存、排放交易和碳汇等方式方法。这些实现“双碳”目标的举措与传统的污染预防和控制措施有很大的不同，后者是基于一种风险预防的概念而言的（张宝，2022）。这也使得传统的法律部门和已经形成成文法的规范文件都难以覆盖解决中国气候民事公益诉讼的义务来源问题。即便气候变化问题顺利进入中国民事公益诉讼程序中，随后适用何种责任方式也存在相应的问题，例如，责任的模式过于单一，适用较难，难以使得气候利益得到真正的救济。同时，对于正在诉讼过程中被告的继续侵害行为又应当如何救济是一个难题（马晓岩，2023）。

7.3 气候资源经济政策的取向

气候资源经济政策虽然是一个由来已久的问题，但面对新形势新发展必须作出新的回应。由于世界各国发展状况和国情不同，在全球气候变化总体背景下，各国对气候资源经济政策应有自己的主张和价值取向，对中国而言，主要可从以下几个方面考虑。

7.3.1 推动制定气候资源开发利用与保护规划

对气候资源开发利用与保护规划，《气象法》对合理开发利用和保护气候资源已经进行了原则性规定，对“县级以上地方人民政府应当根据本地区气候资源的特点，对气候资源开发利用的方向和保护的重点作出规划”提出了明确要求。但从各地实践看，开发利用统一规划政策并没有完全到位。气候资源区划和规划是气候资源开发利用和保护的重要基础,但较多地区尚未开展新一轮的气候资源普查、详查和精细化区划,气候资源底数不清,开发利用活动没有统一规划,开发利用秩序不规范,气候资源观测资料共享不及时,造成信息资源浪费。因此,应通过发挥规划先导作用来推动制定气候资源开发利用与保护规划。

(1)气候资源产品价值实现定位

气候资源可分为两大类,即一类为气候要素资源;另一类为气候环境资源。气候要素资源产品是一个与当地地理、气候和环境资源禀赋具有密切关系的特殊产品,在不同区域可以形成不同的气候生态产品,对当地气候资源产品进行准确定位是创建气候资源产品价值实现机制的基础和前提。应结合各地地理、气候、物产和经济优势特点,立足于绿色发展,定位气候资源产品生产与价值实现思路,实现生态产业化和产业生态化,这就找准了发展气候资源产品的方位。如“大农林”主要包括当地农、林、牧、特生态产品,以及适合当地实际的设施农、林、牧、特气候资源利用和第二产业、第三产业融合产品;“大旅游”包括全域游、景观游、避暑游、乡村游、康养游、文体游、研学游、冰雪游、特色科普游等;“大健康”主要发展凉夏康养、暖冬康养、森林康养、运动康养和中医药康养生态产品。气候环境资源产品,既是一个大气候环境的气候变化问题,也是一个区域气候环境保持生态平衡问题,气候变化主要涉及能源来源结构问题,“大能源”中的气候资源包括水能、风能、太阳能等气候资源高效利用,随着气候能源开发利用占比增加,这将成为降低温室气体的最有效途径。值得注意的是，一个区域气候环境保持生态平衡，实现其生态价值，对其大规模开发利用和改造，必须考虑可能造成的气候环境变化而引发气候灾害，也必须避免造成生态破坏。因此，对任何一个地区开发利用和保护气候资源，首先需要有一个准确定位，为建立和形成有效的气候资源产品价值实现机制奠定坚实基础。

（2）制定气候资源经济发展规划

气候资源开发利用与保护，气候资源产品价值实现定位是基础，气候资源经济发展规划是统筹谋划。从各地实践情况看，我国对气候资源经济发展规划在总体上比较薄弱，这主要是受到人们对气候资源社会性认识偏差所致，一是认为气候资源不稀缺，气候资源可再生、可年复一年重复、分布广泛、总量总体恒定，但并没有意识到或者不相信伴随着开发利用技术的现代化，气候资源稀缺性逐渐显现出来的现状或趋势，而且随着大规模太阳能、风能和水能等气候资源开发，其稀缺性会越来越突出。二是认为没有必要或者不可能进行规划管理，气候是自然形成的，气候资源以气候为前提，这种自然物又有无体性，无体的气候资源难定权属性，当然没有必要进行规划与管理或者不可能作出规划，更难以进行管理。不可否认，气候资源的无体性是人们长期形成的习惯认识，具有广泛的社会认知，更在于近代以前也是不能量化的资源，但由于现代气象科学技术的发展，无体性的气候资源已经成为可以度量的资源，即有量资源，而且这个量并非恒定。因此，无体性已经不能成为不进行规划和管理的理由，正如现代的电流、电场、磁场、辐射等无体资源均需纳入规划和安全管理一样，有量气候资源就可以进行规划和管理。三是认为气候资源利用是一个自然过程，人类几千年的发展史都是任其利用，利用方式多样性并没有什么管理，更没有什么规划，无论是现代利用，还是传统原始利用，不可能限制或规划气候资源利用方式，这种认识并没有意识到由于现代技术对太阳能、风能和水能等气候资源规模开发，给城市安全和生物生态安全带来巨大风险，城市大规模发展更较少考虑气候安全风险。四是认为气候资源是人类生存的基本保障，人体生命生存自然呼吸空气、晒太阳，自然利用温度差和风晾晒、生产制造食物和用品等，如果对气候资源进行规划或管理是否可能影响人们的自然保障，一般人的这种认识完全可以理解，但如果极少数学者或专家持有这种认识，或者可能对气候资源规划不了解，或者担心政府权力借此扩张，就难以理解其实气候资源经济规划与管理根本不会涉及这个问题，除非个别人或恶意炒作，或以此蛊惑不明真相者。

关于强化气候资源规划管理问题，《可再生能源法》第九条规定：编制可再生能源开发利用规划，应当遵循因地制宜、统筹兼顾、合理布局、有序发展的原则，对风能、太阳能、水能、生物质能、地热能、海洋能等可再生能源的开发利用作出统筹安排。其中就包括了风能、太阳能、水能等气候资源规划。2022 年，国务院印发《气象高质量发展纲要（2022—2035 年）》，明确指出，强化气候资源合理开发利用。加强气候资源普查和规划利用工作，建立风能、太阳能等气候资源普查、区划、监测和信息统一发布制度，研究加快相关监测网建设。开展风电和光伏发电开发资源量评估，对全国可利用的风电和光伏发电资源进行全面勘查评价。研究建设气候资源监测和预报系统，提高风电、光伏发电功率预测精度。探索建设风能、太阳能等气象服务基地，为风电场、太阳能电站等规划、建设、运行、调度提供高质量气象服务。

从规划编制情况看，气候资源经济规划编制可能存在“三多三少”现象，即制定专项规划多、涉及综合性规划少，如太阳能规划、风能规划、水能规划等均为单项规划，而太阳能、风能、水能、生态和气候安全融合的综合性规划，以及其项目建设融合气候资源和气候安全综合性规划则鲜见；规划内容讲开发利用多、讲保护少，如在一些规划中多为太阳能、风能、水能和气候资源经济开发利用，而保护气候资源的措施则很少或者没有，或者只有间接性措施，从一些省级气候资源立法分析情况看，多为节能、减排、造绿、修保生态和气候论证，而涉及禁止、不得、必究的保护气候资源措施则很少；原则性要求多、操作性规范少，从各省份已经出台的法规或规章看，在规划方面对省级以下县级以上政府提出了许多“应当”性条规，但如何操作和实施到位则没有下文要求，“应当”性的条规不落实不到位，基本没有追究条规，实际上下级也不知如何操作到位。因此，一些地方很容易搞一些选择性的解读和应用。

实际上，经济社会发展到今天，对气候资源进行规划管理已经非常迫切。大城市的气候资源安全风险在急速上升，如城市热岛、城市浊岛、城市湿岛、城市干岛、城市雾岛效应明确增加，在许多大城市不断上演城市雨涝风险，一些大城市六大生命线（交通、电路、通信、供水、天然气、下水道）受到气象灾害严重威胁，人民群众的生命和健康受到严重挑战，这其中既有大规模开发造成气候环境改变，更有对当地气候资源了解不充分，规划建设时也没有充分考虑当地气候资源条件，城市气候资源规划严重不足的问题。在一些大城市单体建筑设计还考虑采光、透气和通风问题，但对一座大城市从总体上通风廊道、雨水利用、光照利用与污染、气水地互透、湿地保留等问题规划不够严谨，这样的城市发展不仅会扩大以上效应，而且可能会放大城市气象灾害效应。因此，必须对气候资源利用与保护进行规划。具体措施如下。

一是把气候资源经济纳入当地国民经济和社会发展规划。自然生态系统、水资源、农林牧渔等关键领域与气候资源密不可分。国家战略层面充分体现了对气候资源经济的重视，要把气候资源开发利用同国家重大方针政策的制定与实施结合起来。在制定经济社会发展政策和规划的过程中，考虑气候及气候变化的影响（张钛仁 等，2004）。尤其是气候资源经济属于绿色经济，绿色经济各领域多存在交叉行业，或是某些行业中的一些经济成分或元素。在制定国家重大发展规划、实施国家重大战略过程中，包括重大区域开发、城市规划、资源开发和工程建设等，都迫切需要科学评估气候资源对经济建设、社会发展产生的影响，深度挖掘气候资源经济价值，并将气候资源经济纳入国民经济和社会发展规划。

二是制定气候资源经济开发利用和保护综合规划。气候资源是人类赖以生存和发展的基础性生产和生活资源，气候资源多利用性决定了各级制定气候资源经济开发利用和保护必须统筹规划、综合规划。综合规划是指根据经济社会发展需要和气候资源开发利用现状编制的开发、利用、节约、保护气候资源和防治气候灾害的总体部署。风能资源、太阳能资源、水资源、大农业气候资源、湿地气候资源、大生态气候资源、城市气候资源等，必须统筹规划，不能相互冲突，也不能非法相互侵占，诸如城市整体通风廊道的上游风能在影响范围内禁止开发、城市整体地下空间开发利用必须考虑城市雨水资源利用、城市和城市周边太阳能开发利用必须防止光污染；为鸟类安全，湿地和湿地周边的风能、太阳能气候资源应被禁止或限制开发；风能资源、太阳能资源开发不能侵占正常耕地，必须考虑生态保护；水资源的开发利用和保护更为复杂，《水法》对水资源规划规定，国家制定全国水资源战略规划；制定规划时，必须进行水资源综合科学考察和调查评价；建设水工程时，必须符合流域综合规划。从气候资源开发利用与保护考虑，气候资源综合规划应包括以下内容。

①由县级以上人民政府制定本级开发、利用、节约、保护气候资源和防治气象灾害综合规划，涉及流域、区域有统一规划的，由本级制定执行规划。

②各级综合气候资源规划以及与土地利用关系密切的专业规划，应当与各级国民经济和社会发展规划以及土地利用总体规划、城市总体规划和环境保护规划相协调，兼顾各地区、各行业的需要。

③各级综合气候资源规划内容，包括风能资源、太阳能资源、水资源、大农业气候资源、湿地气候资源、大生态气候资源、气候环境资源、城市气候资源及气象灾害防治等。

④制定规划必须进行气候资源综合科学考察和调查评价。县级以上人民政府应当加强气象和气候资源信息系统建设。县级以上气象行政主管部门和区域、流域气象管理机构应当组织加强对气候资源的动态监测，推动完善基本气象信息资源按照国家有关规定予以

共享。

⑤涉及区域气候和流域气候的流域综合规划，由省级以上气象行政主管部门会同政府有关部门和有关地方人民政府编制，并联合发布。

⑥所有大型规划、大型工程项目建设，必须符合气候资源综合规划。

(3)制定气候资源经济专项规划

专项规划是指包括风能资源、太阳能资源、水资源、大农业气候资源、湿地气候资源、大生态气候资源、城市气候资源、气候环境资源及气象灾害防治等分门类和分要素资源的具体规划，专项规划应当服从综合规划。

气候资源是大自然赋予人类的共同财产，各地气候资源禀赋各异，应多部门统筹协调，在可能的条件下，多部门联合制定专门针对气候资源经济发展的专项规划，引导其合理健康发展，促进其经济效益、社会效益、生态效益的共同提高。要通过规划引导相关领域产业结构调整，有计划地合理利用气候资源，使经济绿色化。这不仅针对气候资源经济的各领域进行规划，还应在国民经济的其他行业中引入气候资源经济的元素和成分，通过技术和投资推动整个国民经济其他行业的“清洁化”发展(王金南 等，2009)。

7.3.2 建立完善气候资源开发利用产业与保护政策

目前，气候资源开发利用与保护政策总体上、原则上要求较多，由于历史性、认识性、政策性和技术性等多种复杂原因，中国气候资源开发利用产业与保护政策存在的不足体现在以下几个方面。

一是现代气候资源开发利用产业政策还需要再加强。从全国来看，除水能外，风、光气候资源开发利用尚处初级阶段，太阳能开发还不够平衡，多为小规模分布式光伏发电，在气候资源能源构成比例中占比还不够高。光伏大棚、光伏水泵等现代农业示范项目较多，大范围推广还尚未实施，太阳能绿色建筑大多也还处于试验阶段、尚未推广。空中云水资源开发不足。风能、太阳能开发利用前期规划还有待强化。从现代技术发展看，虽然大力发展现代气候资源产业前景非常远大，但必须全面提供其产业支持政策，包括水能、太阳能、风能所涉及的广泛领域，处在现代气候资源开发利用的初级阶段，如果没有产业政策性支持，在其市场竞争中就会处于不利地位，社会资本就不会进入，从而影响其产业发展。

二是有些气候资源保护政策不明确或为空白。在鼓励开发利用现代气候资源产业发展的同时，必须提出气候资源保护政策。目前，部分地区对气候资源开发利用和保护的战略意义认识不足，缺乏把保护气候环境资源与生态资源有机结合的意识，在经济社会管理过程中缺乏开发利用和保护意识，更没有形成温室气体协同控制意识，一些重要规划和重大工程建设项目没有按照规定开展气候适宜性、风险性和影响性评估，没有采取必要的防灾减灾等应对措施，造成不必要的后果。一些必须保护的气候资源禁止性法律、法规还为空白，如城市通风廊道或周边、湿地和鸟类栖息地的风能必须禁止开发或有限制开发，在这些区域的太阳能资源和水资源应限制开发；在农田耕地上的风能和太阳能必须限制开发或禁止开发。但由于缺乏相应的法律、法规限制，这方面保护落实往往难以到位。有人可能认为，这种禁止性法律、法规会影响气候资源开发利用产业发展，其实不然，这正是支持有序开发利用气候资源的重要政策，以避免开发工程建设投入使用后又再拆毁或冲击其他更重要领域的气候资源利用。

三是一些支持共同性服务还不够到位。如国家对建立风能、太阳能等气候资源普查、区划、监测和信息统一发布制度，研究加快相关监测网建设；对开展风电和光伏发电开发资源量评估，对可利用的风电和光伏发电资源进行全面勘查评价；研究建设气候资源监测和预报系统，提高风电、光伏发电功率预测精度；探索建设风能、太阳能等气象服务基地，为风电场、太阳能电站等规划、建设、运行、调度提供高质量气象服务等，但这些要求落实还没有完全到位。

四是气候资源管理体制不够健全。气候资源开发利用管理主体权责不够清晰，交叉管理、多头管理的现象较为明显。特别是在城乡建设、工业园区、大规模开发等重大项目的规划和建设中，考虑气候资源承载力明显不足，对缺水区域引种高耗水树种、植草、种植物管理也不明确，从而导致一些项目建成后不仅影响了项目效果，也影响了气候生态环境。

因此，必须全面布局气候资源经济开发利用产业政策，坚持“政府引导、市场运作、企业主体、社会参与、群众受益、永续利用”原则，推动气候资源经济融合发展。政府着力提升公共服务水平和市场监管，聚焦创建市场驱动的气候资源经济融合体制机制，特别是为激活气候资源相关企业发挥好市场主体力量营造良好环境。市场主体则通过物态化、活态化、业态化手段，让气候资源产品逐步构建绿色产业体系，为绿色经济发展奠定坚实的基础，带动绿色低碳经济的发展壮大。

出台各种优惠政策，引进相关企业或扶持本地龙头企业发展一批具有本地特色的绿色产业，全面推进气候资源经济产业化。发挥绿色优势，以气候资源转化工程为牵引，大力培育一批技术含量高、特色优势明显、可替代性小的现代产业。促进产业融合发展，积极整合气候资源和其他资源，打通产业链各个环节，形成协同效应，加快推进气候资源形成经济价值（赵西君，2023）。

现代气候资源转化为能源，当前最重要的就是进一步支持气候资源转化为电力能源的政策。目前，我国民用电价格实行的是“加成成本价格”，即电价＝发电成本＋输配电成本＋税收＋利润（或政府亏损补贴），其中并没有包括气候生态环境保护费、生态修复费、温室气体排放费。因此，2019 年，水电、火电、风电、光伏电、核电上网平均电价分别为 0.27 元/度、0.4～0.5 元/度、0.51～0.61 元/度、0.8～0.11 元/度、0.43 元/度。这种价格对于投资发电的企业来讲，投资利润回报基本相等，利润＝利润率×总投资，这些发电领域都有被投资意愿。但对输配电企业而言，水电和火电可能为首选，因为居民和用户终端电价是确定的，入网价越低，自然输配电企业利润越高。因此，国家对风电和光伏电制定强制上网的规定，尽管如此，全年风电弃电和太阳能弃电现象仍然十分突出。据统计，2014 年、2015 年，中国平均弃风率分别为 8%、15%。2016 年以来，中国平均弃光率持续保持在 12%左右的高位。其中，西北和东北众多省份弃风、弃光问题尤为严重，甘肃、新疆和吉林的弃风率分别达到了 47%、45%和

39%,甘肃和新疆的弃光率则高达32%。相比之下,同为风电和光伏装机大国的德国,弃风率、弃光率只有1%。显然,在现有约束没有得到实质性解决的前提下,继续保持风电和光伏装机高速发展,弃风、弃光问题将愈演愈烈(北京大学国家发展研究院能源安全与国家发展研究中心 等,2018)。

如果未来实行"完全成本价格",即电价=燃料完全成本价+生态环境保护、修复费用+水电移民成本+除燃料之外的发电成本+输配电成本+设备折旧成本(或贷款还本付息成本)+税费+利润,水电、火电、风电、光伏电、核电上网平均电价均会发生重要变化,水电不仅有移民成本、水库占地成本,还有上下游生态保护成本;火电将增加大气污染和温室气体排放成本;而风电、光伏电、核电则没有排放和生态类成本,但风电、光伏电的间歇性和不稳定性同样会严重制约其竞争优势的发挥。因此,从未来能源趋势看,可采取的政策有:①开征燃煤发电大气污染物排放和温室气体排放的气候环境税,并适时取消对风电和光伏发电新增装机的发电补贴;②上网电价与弃风率、弃光率挂钩,弃风率、弃光率高低是电价补贴额度过高或过低的直接反映指标;③全额征收居民用电的可再生能源电价附加。广大城乡居民是发展风电和光伏发电、减少污染排放的最直接受益者。基于"谁受益、谁付费"的原则,居民理当承担相应的绿色发展成本,但低收入人口的基本生活保障用电不宜增加生活成本。④破除电力市场交易的省际壁垒,在更大范围内建立统一的电力交易市场,扩大电力平衡范围和跨省跨区域交易规模。打破电力市场行政边界,在更大范围内实现电力平衡和电力交易,不仅能降低平衡成本,促进新能源渗透，而且能提高整体电力资源利用效率。通过各种政策性措施促进气候资源能源转化。

7.3.3 大力支持气候资源开发利用技术发展

气候资源开发利用技术是现代气候资源经济发展的第一生产力，大力支持气候资源现代开发利用技术是推动气候资源经济发展的根本动力。因此，推动气候资源开发利用技术发展，核心问题是处理好政府和市场的关系，使市场在资源配置中起决定性作用和更好地发挥政府作用。

(1)深化气候资源监测评估和区划

气候资源监测、评估是合理开发利用气候资源的科学基础。应加大对国家级、省级气候业务系统的投入，利用先进的卫星遥感、地理信息系统、全球定位系统等技术手段，改造现有系统，建立和健全门类比较齐全、布局比较合理、自动化程度比较高的气候资源监测系统，建立气候资源数量、质量以及开发利用的经济和生态效益评价指标体系。

由于风能电和太阳能光伏电的随机性、日变化性，发展其评估技术非常重要。风能资源评估是根据测风塔短期观测数据，并结合利用气象站长期积累测风数据进行分析，研究评估观测年度和长期平均的区域风能资源大小、等级和变化特征。计算参数包括：空气密度、平均风速、风向频率、风功率密度、风能密度、各等级风速的概率分布、日变化、风垂直切变指数、平均和风机满发风速的湍流强度、风机抗风参数(50 年一遇风速)等。这些参数是风电发展规划、风电场选址、风机排布和风机选型以及风电场项目的经济性评估的基础依据。太阳能资源评估是依据当地辐射实测数据，结合卫星反演资料和地理信息技术等，对区域太阳能资源的空间分布、时间变化、理论总量、技术可开发量等进行计算和分析，并结合太阳能资源等级标准，对当地的太阳能资源进行综合评价。评估参数包括：水平面总辐射、不同接收面上的辐射量（最佳倾角）、影响辐射利用的高温和灰尘以及积雪等，为光伏（热）电站设计、发电量估算和经济效益分析提供基础依据。

伴随着全球气候变化，气候资源也在发生变化。应组织进行气候资源长期变化监测、评估和气候资源区划，对区域气候资源的拥有状况（数量和质量）、可利用程度（最佳值和临界值）以及影响气候资源有效利用的气候灾害类型和出现概率进行评价，根据新的需求和气候资源的动态变化，不断地深化细化气候资源区划工作（张钛仁等，2004）。各地应重点做好农业、能源、生态、旅游等重点行业、重点区域的气候普查、评估和区划工作，形成具有当地特色的气候资源经济数据库，为气候资源经济发展提供科学支撑。应加强对我国区域经济和社会发展的气候资源承载力的分析，促进京津冀协同发展、长江经济带发展、粤港澳大湾区建设、黄河流域生态保护和高质量发展等国家重大战略的顺利实施，通过绿色低碳发展，加强生态环境与气候资源保护，推动气候资源经济和资源环境协调发展。

（2）推进全国气候资源普查

摸清气候资源底数，发挥气候资源更大经济潜力。随着工业文明的快速发展，人类面临温室气体的约束和气候变化的加剧等严峻问题。气候问题归根结底是人类可持续发展问题，而发展离不开经济，气候、气候变化与环境、社会、经济密不可分。因此，开展气候资源普查十分重要，是提高气候资源经济效益的重要技术支撑。为推动气候资源的合理开发、利用和保护，应当加快建立气候资源监测评估系统，针对不同地区的气候条件和地域特征，全面考虑当地气候资源的总体承载能力，推行有利于环境、资源、生态与经济可持续发展的产业布局和发展模式。通过建设全国气候基础信息库，形成全国气候舒适度、气候旅游适宜性指数、特色农产品气候品质与风、光、水等全国气候资源基础信息“一张图”，完成宜居宜游宜业等气候生态及气候品质的全国县域区划。研发特色气候资源监测评估业务系统和特色气候品质可追溯服务平台。推动各省（区、市）发展本地优质气候资源利用品牌（刘冠州 等，2023a）。

（3）全面推进气候可行性论证

加强气候可行性论证关键技术研发，面向重大规划和重点工程所需的气象科技支撑和气候可行性论证核心技术短板，发展中尺度、微尺度的气象数值模式和流体力学模拟仿真技术，提升气候可行性论证数值模拟分析能力。研发天气雷达、风廓线雷达和卫星等多种遥感观测资料的融合应用技术，提升新型资料的应用能力。加快研发实现气候资源产品价值关键技术，提升气候资源监测评估预报水平。针对规划、建设、运行的不同情景，构建重大规划、重大工程建设与局地气候双向影响评估模型，研发未来气候变化情景的预估技术，加强面向“碳达峰、碳中和”目标愿景中长期行动的科技支撑，积极促进气候资源产品的价值实现（刘冠州 等，2023a，2023b）。

(4)开发和创建气候资源产品品牌。深挖和彰显当地特色,打造差异化的气候资源产品,充分打造气候资源经济品牌。品牌是产品品质和品性的集中体现,是消费者对气候资源产品及其系列的认知信任程度标志,是气候资源产品经济价值的无形资产,也是气候资源产品价值实现的有效载体(肖芳 等,2021),应重视创建气候资源产品品牌,通过品牌效应实现"产品营销",以获取气候资源经济效益最大化。

在优质气候生态区域,充分利用旅游等相关政策,开发丰富的气候生态旅游产品,在有目的地保持原气候生态功能不受影响的条件下增加旅游要素,根据四季变化的气候、景候、物候和农候开发分季旅游产品,延长气候生态产业链条,打造诸如"中国气候宜居城市(县)"等品牌,提升气候生态产品知名度,促进气候生态可持续发展。在气新、土净、水洁、林好、山绿的气候生态舒适地区,积极开发培植大众化的气候生态休养康养产品,利用比如暖候疗养、避暑疗养、保健疗养、休闲疗养、健康疗养等气候生态产品广泛吸引更多消费者,打造"中国天然氧吧"等国家气候标志品牌产品。利用优质气候生态为开发生产绿色农林牧渔产品提供天然本底条件,结合当地气候与物产特点,有效组织开发农林牧渔绿色产品生产,发展特色农业和"气候好产品",最大化实现优质气候生态产品的价值,实现气候生态产品品牌化、标识化,提高农业生产的效率和效益(刘冠州 等,2023a)。

更好发挥标准支撑国家气候标志品牌建设。面向国家和地方生态文明建设、绿色城镇化和产业发展需求,坚持标准先行,开展中国天然氧吧等优质气候资源评价系列标准编制，完善国家气候标志评价标准和技术体系，促进国家气候标志评价工作的规范化、集约化和品牌化发展。

(5)支持发展风光电气象服务技术

全力发展风光发电功率预报气象服务技术，按照国家标准《调度侧风电或光伏功率预测系统技术要求》(GB/T 40607—2021)，在功率预测准确率上，尽快实现风功率预测准确率：超短期第四小时≥87%、短期日前≥83%、中期第十日≥70%，光功率预测准确率应达到：超短期第四小时≥90%、短期日前≥85%、中期第十日≥75%。在空间分辨率上，风光电站精细到3千米×3千米、风光电场集中区为1千米×1千米格点预报。强化国家级—省级能源气象服务业务体系建设，打造国家新能源气象台，培养新能源天气预报员，逐步建立国家级新能源预报业务，解读新能源高影响天气气候事件发生发展的机理和过程，为全国新能源发电、调度、交易和防灾减灾提供决策依据。建立形成国—省联动、分工合理、责任明确、利益共享的上下一体化专业气象服务模式。

7.3.4 强化气候环境资源保护力度

在新修订的《大气污染防治法》中，首次提出了大气污染物与温室气体协同控制，是一项应对大气污染和气候变化严峻挑战的重大制度创新。协同控制的提出，不仅是改善大气环境质量和应对气候变化问题，更是推进生态文明建设和落实创新发展、绿色发展理念的积极举措。但是，协同控制要真正落实落地，还必须从法律、法规的完善和制度建设上着手，这是一个非常复杂而艰巨的过程，作为一种全新的制度设计，值得对此进一步研究和探索。

(1)加快推进中国气候变化立法

目前，各国对于温室气体的排放是否进行法律控制并不统一，一些国家已经通过判例或修改相关的环境生态法律的方式，将以二氧化碳为代表的温室气体纳入法律调整应对范围。如美国联邦最高法院2007年在著名的马萨诸塞州等诉环保局案的判决中将二氧化碳列为污染物，要求美国环保局采取措施进行应对。在欧盟，对二氧化碳等温室气体排放的规制采取：纳入《欧盟排放交易指令》的，依指令；未纳入的，则适用《工业污染物排放指令》。法国、德国、英国、瑞典、丹麦和荷兰等国家早在20世纪90年代就开始在国内征收二氧化碳排放税，甚至在21世纪初提出对所有过境航空器与船舶分别征收航空碳税与航海碳税等富有争议的激进做法。在大多数发展中国家，基于发展需要，温室气体的排放不受法律规制。中国的温室气体排放总量已经超过欧美发达国家，成为世界上最大的温室气体排放国，但是基于国际国内种种原因，中国的温室气体排放虽然采取了许多措施，但总体还处于指标控制阶段。

“气候变化是全球性挑战，任何一国都无法置身事外。”中国的这一立场与国际应对气候变化发展的最新趋势相符合。《京都议定书》的最大特点就是提出了所有国家，包括以前不用承担具体减排义务的发展中国家都需要承担温室气体减排义务。中国已经表达了接受所有国家承担具有法律约束力的温室气体减排义务安排的意愿，新修订的《大气污染防治法》中已经提出“协同控制”的原则。从全局来看，减排温室气体、应对气候变化不仅仅是环境问题，也是政治问题、经济问题和社会问题。中国从法律上已经提出了大气污染物与温室气体协同控制，但国内有关降低碳控碳排放的活动，主要还是基于一种自愿原则或者政府行为，法律上的约束力不充分。因此，尽快出台应对气候变化的法律、法规，为中国的温室气体减排、应对气候变化、实现绿色低碳发展、建设生态文明乃至履行国际义务提供法治保障。目前，中国的气候立法尽管已经列入议程，但应加快进程建立一整套温室气体排放管理制度，为温室气体的减排提供法律依据。

(2)建立完善部门管控协同机制

在中国要对大气污染物和温室气体进行协同控制，则必须建立落实管理控制部门之间的横向协同机制。目前，由生态环境部应对气候变化司负责应对气候变化和温室气体减排工作。综合分析气候变化对经济社会发展的影响，组织实施积极应对气候变化国家战略，牵头拟订并协调实施我国控制温室气体排放、推进绿色低碳发展、适应气候变化的重大目标、政策、规划、制度，指导部门、行业和地方开展相关实施工作。但应对气候变化是一项综合性极强的工作，涉及中央政府各个部门、国家各个行业和各级地方政府及部门，因此非常必要建立跨部门协调机制。可考虑设立"部际委员会"模式或国家温室气体治理领导小组模式，建立横向的跨部门治理协调机构，即部际联席会议（治理领导小组）。部际联席会议（治理领导小组）是为了协商办理涉及国务院多个部门职责的事项，应由国务院批准建立，各成员单位共同商定的一项工作制度。部际联席会议（治理领导小组）不是纵向的议事协调机构，不建立实体机构（办公室可设在生态环境部),但比行政协议更能解决复杂问题,兼具灵活性和有效性。部际联席会议(治理领导小组)可以协调国务院各部委在大气污染物与温室气体协同控制方面的相关工作。通过发挥该机制横向的统筹协调作用,深化部门协作,建立横向工作制度,各部门可以发挥自身优势,取长补短,更好地发挥各职能部门的作用。

(3)推动温室气体总量控制目标落实

控制大气污染物和应对气候变化想要实现的目标虽然并不一致,但是二者都是以总量控制作为推动目标落实的手段。2020 年 9 月,习近平主席在第 75 届联合国大会一般性辩论上宣布:“中国将提高国家自主贡献力度,采取更加有力的政策和措施,二氧化碳排放力争于 2030 年前达到峰值,努力争取 2060 年前实现碳中和。”全国各部门、各行业和各级政府必须按照中央要求,推动温室气体总量控制目标落实。碳达峰既是一个理论问题,更是一个发展实践问题。在实践中,对碳达峰应避免出现“四种”现象:一是碳攀峰。即“碳达峰”之前应防止或避免一些地方借碳达峰之机“攀高峰”“冲高峰”,而继续争取高投入、高耗能、高排放项目。二是碳刮风。自碳达峰、碳中和目标提出以后,部分地区在落实中不顾当地实际,超越发展阶段搞“一刀切”式的过度行动,这对人民生活和经济发展造成不利影响。中央强调绿色转型是一个过程,不是一蹴而就的事情。要先立后破,而不能未立先破,在实际工作中必须避免运动式的减排“刮风”现象,防止过度反应,确保安全降碳。三是碳泛化。在人们的实际生产生活中都离不开碳的利用和排放,有少数地区在实际工作中一定程度上存在碳泛化的现象,有的地方除化石能源排碳外,还把一些动物生物呼吸排泄，甚至家禽家畜排放、农作物种植等也列为重要二氧化碳排放之源，更有甚者将其整治作为减排措施。中央明确提出，碳达峰主要或基本上指的是化石能源的碳，在实际工作中还是不宜过度碳泛化。四是碳静风。这只是一种形象说法，就是在碳达峰进程中不作为。有的甚至可能认为，当地先减排可能先吃亏，将来排放基数低了对当地经济社会发展是利好还是不利，一时还看不清，还是等上级的刚性约束下来再看，对推动碳达峰较多地表现为不主动。

为避免出现以上情况，各级各地必须认真贯彻落实《中共中央国务院关于完整准确全面贯彻新发展理念　做好碳达峰碳中和工作的意见》，坚持系统观念，处理好发展和减排、整体和局部、短期和中长期的关系，把实现碳达峰、碳中和纳入经济社会发展全局，以经济社会发展全面绿色转型为引领，以能源绿色低碳发展为关键，加快形成节约资源和保护环境的产业结构、生产方式、生活方式、空间格局，坚定不移走生态优先、绿色低碳的高质量发展道路。

(4)推进气候资源开发利用保护立法

气候资源法律制度不同于其他行业或资源，气候资源的地域性和差异性衍生了气候资源区划制度，人类活动对气候资源敏感性衍生了气候影响评价制度，气候资源的普遍性和可开发性衍生了气候资源开发利用制度等。因此，亟待制定涉及气候资源经济方面的法律，如《气候资源法》，并在此法基础上，建立以一系列行政法规、地方性法规、部门规章和地方政府规章为配套的发展气候资源经济的法律体系，依法规范气候资源开发、利用和保护行为，依法发展气候资源经济（张钛仁 等，2007）。按照国家生态文明建设和“放管服”部署要求，开展《气象法》中涉及气候资源保护利用、气候可行性论证等方面条款的修订与完善研究，推动各省出台气候资源保护利用和气候可行性论证方面的法规规章（刘冠州 等，2023b）。分类制定有关气候环境影响评价、生态环境保护、气候资源监测与分析评价、气候资源经济税收优惠等方面的法规制度。实行气候资源经济监督管理和重大气候资源事故责任追究制度；落实气候资源经济影响评价和工程项目设计、施工准入制度。在实施城镇化战略及城市发展等重大区域开发、城市规划、气候资源开发等建设项目时，必须进行气候影响评价和气候资源可行性论证，把人类活动对气候资源的影响降到最低，使项目投入使用后对气候资源的利用达到最佳。依法规范气候资源经济开发、利用行为（包良军 等，2010）。

（5）推进气候资源合理开发利用标准化体系建设。以气候资源普查、区划及风险影响评估标准体系建设为重点，分类建设农业气候资源类标准、能源气候资源类标准、旅游气候资源类标准、气候生态资源类标准、康养气候资源类标准、雨水资源类标准、气候环境类标准等，为科学、合理、高效、安全开发利用和保护气候资源，发展气候资源经济提供技术支撑（丁海芳，2005）。制定完善的天然氧吧评定、农产品气候品质评价、避暑旅游气候适宜度评价、气候景观评价等相关标准，为气候生态产品价值保护利用营造良好的制度环境（刘冠州 等，2023a）。

参考文献

包良军，邹艳东，2010．气候资源的开发和利用[J]．内蒙古大学学报，16(2)：75-76．

北京大学国家发展研究院能源安全与国家发展研究中心，中国人民大学经济学院能源经济系联合课题组，王敏，2018．关于中国风电和光伏发电补贴缺口和大比例弃电问题的研究[J]．国际经济评论(4)：67-85，6．

丁海芳，2005．建立气候资源开发利用标准体系，服务循环经济[R]．乌鲁木齐：国家标准化管理委员会，中国标准化编辑部．

胡苑，郑少华，2010．从威权管制到社会治理——关于修订《大气污染防治法》的几点思考[J]．现代法学，32(6)：150-156．

姜椿芳，1985．中国大百科学全书：法学[M]．北京：中国大百科学全书出版社．

李艳芳，张忠利，2015．二氧化碳的法律定位及其排放规制立法路径选择[J]．社会科学研究(2)：30-34．

李志生，张国强，李利新，等，2006．美国对太阳能的资助政策及对中国的启示[J]．建筑经济(10)：78-81．

李卓，王勇，2008．论日照权与新《物权法》的价值导向[J]．行政与法(4)：84-86．

刘冠州，李博，赵思遥，2023a．气候生态产品价值实现有关问题初探[J]．气象软科学(2)：67-79．

刘冠州，李博，赵思遥，2023b．推动气候生态产品价值实现[N]．中国气象报，2023-09-05(3)．

马晓岩，2023．中国气候民事公益诉讼研究[D]．北京：北京化工大学．

孟德斯鸠，1997．论法的精神[M]．北京：商务印书馆．

孟子，2015．孟子[M]．段雪莲，陈玉潇，译．北京：北京联合出版公司．

王金南，李晓亮，葛察忠，2009．中国绿色经济发展现状与展望[J]．环境保护(5)：

53-56.

肖芳，姜海如，2021. 优质生态气候产品价值实现途径探讨[J]. 中国发展观察(11)：46-47.

岳纯之，2011. 中国古代农忙止讼制度的形成时间试探[J]. 南开学报(哲学社会科学版)(1)：65-71.

张宝，2022. 预防理念的更新与环境法典污染控制编的制度实现[J]. 法学论坛，37(2)：27-35.

张钛仁，戴晓苏，邢如均，等，2004. 我国气候资源管理的原则与政策研究[J]. 图书情报工作，48(5)：23-26.

张钛仁，柴秀梅，李自珍，等，2007. 气候资源管理与可持续发展[J]. 中国农业资源与区划，28(6)：26-30.

赵西君，2023. 探索生态价值转化为经济价值[N]. 经济日报，2023-04-02(7).

郑显文，2005. 中国古"农忙止讼"制度形成时间考述[J]. 法学研究(3)：152-160.

朱明哲，2022."气候变化诉讼的新进展"专题导引[J]. 法理——法哲学、法学方法论与人工智能，8(1)：357-359.